技工院校“十四五”规划计算机广告制作专业系列教材
中等职业技术学校“十四五”规划艺术设计专业系列教材

Adobe InDesign CC 2019 软件应用

林国慧 孙铁汉 周丹 潘启丽 主编
陈汝鸿 副主编

華中科技大學出版社
http://www.hustp.com
中国·武汉

内容提要

本书项目一介绍了 Adobe InDesign CC 2019 软件入门知识，项目二至项目五主要通过编辑绘制图形实训、版式编排实训、页面布局实训和综合实训四个模块的操作训练提高学生的软件操作技能。本书内容翔实，条理清晰，制作步骤详细，案例精美，可以有效地帮助技工院校学生逐步掌握软件的操作方法和制作技巧。

图书在版编目（CIP）数据

Adobe InDesign CC 2019 软件应用 / 林国慧等主编 . — 武汉：华中科技大学出版社，2022.6

ISBN 978-7-5680-8280-8

Ⅰ . ① A… Ⅱ . ①林… Ⅲ . ①电子排版 – 应用软件 – 教材 Ⅳ . ① TS803.23

中国版本图书馆 CIP 数据核字 (2022) 第 103139 号

Adobe InDesign CC 2019 软件应用

Adobe InDesign CC 2019 Ruanjian Yingyong

林国慧 孙铁汉 周丹 潘启丽 主编

策划编辑：金 紫

责任编辑：周怡露

装帧设计：金 金

责任监印：朱 玢

出版发行：华中科技大学出版社（中国 • 武汉）　　电　话：（027）81321913

　　　　　武汉市东湖新技术开发区华工科技园　　邮　编：430223

录　排：天津清格印象文化传播有限公司

印　刷：湖北新华印务有限公司

开　本：889mm × 1194mm 1/16

印　张：8.5

字　数：260 千字

版　次：2022 年 6 月第 1 版第 1 次印刷

定　价：49.80 元

技工院校“十四五”规划计算机广告制作专业系列教材
中等职业技术学校“十四五”规划艺术设计专业系列教材
编写委员会名单

总主编

文健，教授，高级工艺美术师，国家一级建筑装饰设计师。全国优秀教师，2008 年、2009 年和 2010 年连续三年获评广东省技术能手。2015 年被广东省人力资源和社会保障厅认定为首批广东省室内设计技能大师，2019 年被广东省教育厅认定为建筑装饰设计技能大师。中山大学客座教授，华南理工大学客座教授，广州大学建筑设计研究院室内设计研究中心客座教授。出版艺术设计类专业教材 120 种，拥有具有自主知识产权的专利技术 130 项。主持省级品牌专业建设、省级实训基地建设、省级教学团队建设 3 项。主持 100 余项室内设计项目的设计、预算和施工，项目涉及高端住宅空间、办公空间、餐饮空间、酒店、娱乐会所、教育培训机构等，获得国家级和省级室内设计一等奖 5 项。

合作编写单位

（1）合作编写院校

广州市工贸技师学院
佛山市技师学院
广东省城市技师学院
广东省轻工业技师学院
广州市轻工技师学院
广州白云工商技师学院
广州市公用事业技师学院
山东技师学院
江苏省常州技师学院
广东省技师学院
台山敬修职业技术学校
广东省国防科技技师学院
广州华立学院
广东省华立技师学院
广东花城工商高级技工学校
广东岭南现代技师学院
广东省岭南工商第一技师学院
阳江市第一职业技术学校
阳江技师学院
广东省粤东技师学院
惠州市技师学院
中山市技师学院
东莞市技师学院
江门市新会技师学院
台山市技工学校
肇庆市技师学院
河源技师学院
广州市蓝天高级技工学校
茂名市交通高级技工学校
广州城建技工学校
清远市技师学院
梅州市技师学院
茂名市高级技工学校
汕头技师学院
广东省电子信息高级技工学校
东莞实验技工学校
珠海市技师学院
广东省机械技师学院
广东省工商高级技工学校
深圳市携创高级技工学校
广东江南理工高级技工学校
广东羊城技工学校
广州市从化区高级技工学校
肇庆市商业技工学校
广州造船厂技工学校
海南省技师学院
贵州省电子信息技师学院
广东省民政职业技术学校
广州市交通技师学院
广东机电职业技术学院
中山市工贸技工学校
河源职业技术学院
山东工业技师学院
深圳市龙岗第二职业技术学校

（2）合作编写组织

广州市赢彩彩印有限公司
广州市壹管念广告有限公司
广州市璐鸣展览策划有限责任公司
广州波镨展览设计有限公司
广州市风雅颂广告有限公司
广州质本建筑工程有限公司
广东艺博教育现代化研究院
广州正雅装饰设计有限公司
广州唐寅装饰设计工程有限公司
广东建安居集团有限公司
广东岸芷汀兰装饰工程有限公司
广州市金洋广告有限公司
深圳市千千广告有限公司
广东飞墨文化传播有限公司
北京迪生数字娱乐科技股份有限公司
广州易动文化传播有限公司
广州市云图动漫设计有限公司
广东原创动力文化传播有限公司
菲逊服装技术研究院
广州珈钰服装设计有限公司
佛山市印艺广告有限公司
广州道恩广告摄影有限公司
佛山市正和凯歌品牌设计有限公司
广州泽西摄影有限公司
Master 广州市熳大师艺术摄影有限公司

序言

技工教育和中职中专教育是中国职业技术教育的重要组成部分，主要承担培养高技能产业工人和技术工人的任务。随着"中国制造 2025"战略的逐步实施，建设一支高素质的技能人才队伍是实现规划目标的必备条件。如今，国家对职业教育越来越重视，技工和中职中专院校的办学水平已经得到很大的提高，进一步提高技工和中职中专院校的教育、教学和实训水平，提升学生的职业技能，弘扬和培育工匠精神，已成为技工院校和中职中专院校的共同目标。而高水平专业教材建设无疑是技工院校和中职中专院校教育特色发展的重要抓手。

本套规划教材以国家职业标准为依据，以综合职业能力培养为目标，以典型工作任务为载体，以学生为中心，根据典型工作任务和工作过程设计教学项目和学习任务。同时，按照工作过程和学生自主学习的要求进行内容设计，实现理论教学与实践教学合一、能力培养与工作岗位对接合一、实习实训与顶岗工作合一。

本套规划教材的特色在于，在编写体例上与技工院校倡导的"教学设计项目化、任务化，课程设计教、学、做一体化，工作任务典型化，知识和技能要求具体化"紧密结合，体现任务引领实践的课程设计思想，以典型工作任务和职业活动为主线设计教材结构，以职业能力培养为核心，将理论教学与技能操作相融合作为课程设计的抓手。本套规划教材在理论讲解环节做到简洁实用、深入浅出；在实践操作训练环节体现以学生为主体的特点，创设工作情境，强化教学互动，让实训的方式、方法和步骤清晰，可操作性强，并能激发学生的学习兴趣，促进学生主动学习。

本套规划教材由全国 50 余所技工院校和中职中专院校广告设计专业共 60 余名一线骨干教师与 20 余家广告设计公司一线广告设计师联合编写。校企双方的编写团队紧密合作，取长补短，建言献策，让本套规划教材更加贴近专业岗位的技能需求，也让本套规划教材的质量得到了充分的保证。衷心希望本套规划教材能够为我国职业教育的改革与发展贡献力量。

技工院校"十四五"规划计算机广告制作专业系列教材
中等职业技术学校"十四五"规划艺术设计专业系列教材 总主编

教授 / 高级技师 **文健**

2021 年 5 月

前言

Adobe InDesign CC 2019 软件是由 Adobe 公司开发的专业排版设计软件。其排版功能强大，易学易用，深受平面设计从业人员的喜爱。同时，其应用范围广泛，适用于平面广告设计、书籍装帧、包装设计、网页设计等领域。在设计制作过程中，Adobe InDesign CC 2019 可以和 Photoshop、Illustrator 等软件搭配使用，起到互补的作用。

本书的编写遵从了技工院校一体化教学的要求，通过典型的工作任务分析和案例实训，让学生掌握 Adobe InDesign CC 2019 软件的关键知识点和技能点，体现任务引领实践导向的课程设计思想。本书在理论讲解环节做到简洁实用，深入浅出；在实践操作训练环节，体现以学生为主体，创设工作情境，强化教学互动，让实训的方式、方法和步骤清晰，可操作性强，适合技工院校学生练习，并能激发学生的学习兴趣，调动学生主动学习。

本书项目一介绍了 Adobe InDesign CC 2019 软件的应用范围和基础知识，项目二至项目五介绍了编辑绘制图形实训、版式编排实训、页面布局实训和综合实训四个模块的操作训练，旨在提高学生的 Adobe InDesign CC 2019 软件操作技能。本书内容翔实，条理和制作步骤清晰，案例精美，可以有效地帮助技工院校学生逐步掌握该软件的操作方法和制作技巧。

本书由广东省城市技师学院林国慧老师、广东花城工商高级技工学校孙铁汉老师、江苏省常州技师学院周丹老师、广东省国防科技技师学院潘启丽老师、广州市蓝天高级技工学校陈汝鸿老师合作编写而成。本书融入了各位设计专业优秀教师丰富的商业实战经验和专业教学，希望能够切实帮助技工院校设计专业学子提升 Adobe InDesign CC 2019 软件的应用能力。由于编者的学术水平有限，本书可能存在一些不足之处，敬请读者批评指正。

林国慧

2022 年 3 月

课时安排（建议课时 84）

项目	课程内容	课时	
项目一 Adobe InDesign CC 2019 软件入门知识	学习任务一　Adobe InDesign CC 2019 软件应用领域	2	12
	学习任务二　Adobe InDesign CC 2019 软件操作界面	4	
	学习任务三　Adobe InDesign CC 2019 软件基本操作	6	
项目二 编辑绘制图形实训	学习任务一　图标设计	6	12
	学习任务二　海报设计	6	
项目三 版式编排实训	学习任务一　VIP 卡片设计	6	18
	学习任务二　宣传单折页设计	6	
	学习任务三　台历设计	6	
项目四 页面布局实训	学习任务一　网页设计	6	18
	学习任务二　杂志内页设计	6	
	学习任务三　杂志目录设计	6	
项目五 综合实训	学习任务一　画册设计案例实训	12	24
	学习任务二　包装设计案例实训	12	

目录

项目一 Adobe InDesign CC 2019 软件入门知识

项目二 编辑绘制图形实训

项目三 版式编排实训

项目四 页面布局实训

项目五 综合实训

项目一 Adobe InDesign CC 2019 软件入门知识

学习任务一 Adobe InDesign CC 2019 软件应用领域

学习任务二 Adobe InDesign CC 2019 软件操作界面

学习任务三 Adobe InDesign CC 2019 软件基本操作

Adobe InDesign CC 2019 软件应用领域

教学目标

（1）专业能力：了解 Adobe InDesign CC 2019 软件的图形图像编辑工具和页面排版功能。

（2）社会能力：具备一定的软件操作能力。

（3）方法能力：能认真听讲，多做笔记，能多问多思勤动手，提升沟通和表达的能力。

学习目标

（1）知识目标：了解 Adobe InDesign CC 2019 软件的功能及应用领域。

（2）技能目标：能启动和退出 Adobe InDesign CC 2019 软件。

（3）素质目标：自主学习，举一反三，互帮互助。

教学建议

1. 教师活动

教师介绍 Adobe InDesign CC 2019 软件的排版功能和软件的应用领域，提高学生对 Adobe InDesign CC 2019 软件的认识。同时，示范 Adobe InDesign CC 2019 软件的启动和退出方式。

2. 学生活动

认真听老师介绍 Adobe InDesign CC 2019 软件的排版功能和软件的应用领域，并在教师的指导下进行课堂实训。

一、学习问题导入

各位同学，大家好！本次课我们一起来学习 Adobe InDesign CC 2019 软件的相关知识。Adobe InDesign CC 2019 软件是一款专门为报纸、杂志、书籍、产品手册等平面设计类产品提供一流的排版功能的软件。它可以完成从页面、插图、目录到索引的排版设计，内容涉及印刷、网页、多媒体、电子书籍等，它因强大的功能成为跨平台、设备共享与信息传播的高度自动化出版软件。

二、学习任务讲解

1. 认识 Adobe InDesign CC 2019 排版软件的界面

（1）强大的文本排版功能。

Adobe InDesign CC 2019 软件提供各种文本工具用于创建所需的文本，并能轻松设置文本的方向、行距、字距、分栏、图文围绕排列等属性。除此之外，它还可以沿任意开放或闭合路径边缘放置文字，或将文字转换成闭合路径，然后任意调整文字形状，对字体进行艺术创意设计，如图 1-1 和图 1-2 所示。

图 1-1

图 1-2

（2）强大的图形图像处理能力。

Adobe InDesign CC 2019 软件提供了矩形、椭圆、多边形、直线和钢板等绘画工具，利用它们和图像编辑功能，可以绘制出需要的图像，如图 1-3 和图 1-4 所示。在图像处理方面， Adobe InDesign CC 2019 软件支持大多数图像格式的导入，如 TIFE、EPS、PDF、JPG、PNG、PDS 等格式的图像。导入后还可以根据设计需求对图像进行编辑，使版面效果更加优化。

图 1-3

图 1-4

（3）快速的设置文本格式。

文本设置是编辑的重要环节，Adobe InDesign CC 2019 软件除了可以利用控制面板以及“字符”和“段落”设置字符和段落样式外，还可以通过创建和应用字符样式及段落样式，来设置出版文本的格式，编排出精美的页面效果。

（4）高效的对象管理能力。

Adobe InDesign CC 2019 软件在编排设计工作中能合理安排文本、图形、图像，如编组、锁定、调整顺序、分层主页面、缩放比例等，提高工作效率。Adobe InDesign CC 2019 软件运行中不同于 PS 或 AI 的高资源占有率，软件在具备高精度和兼容性的同时兼具荷载小的特点，卡顿和软件崩溃不再成为设计中的烦恼。

（5）快捷的表格处理功能。

Adobe InDesign CC 2019 能很方便地编辑所需要的表格，并轻松编辑表格内容，此外还支持 Excel 表格和 Word 表格的导入，并且支持文字和表格的相互转换。

（6）方便的页面设置功能。

Adobe InDesign CC 2019 软件提供了主页页面功能，可以直接在主页上设计页眉、页脚、页码、各种装饰设计等，这些设置可以直接应用到编辑的页码中，提高了工作效率，便于风格统一。

（7）强大的软件兼容性。

Adobe InDesign CC 2019 捆绑了 Adobe 的其他产品，例如 Adobe Illustrator、Adobe Photoshop、Adobe Acrobat 和 Adobe PressReady。熟悉 PS 或者 AI 的用户能很快学会 Adobe InDesign CC 2019，因为它们有相同的快捷键。设计者也可以利用内置的转换器导入 QuarkXPress 和 Adobe PageMaker 文件将现有的模板和主页面转换到 Adobe InDesign CC 2019。

2. 应用领域

（1）图形标志设计。

标志是以特定、明确的图形来表示和代表某事物的符号。其目的是用符号、图形的形式传递给使用者信息，表达自己的形象，反映使用者的特征、主张、精神，为观者留下深刻的印象。Adobe InDesign CC 2019 软件可以很方便地画出各种不同图形满足设计需求，如图 1-5 和图 1-6 所示。

图 1-5

图 1-6

（2）卡片设计。

卡片类型较多，如名片、会员卡、请柬、贺卡等，其共同点是比较小巧，文本信息重要。运用 Adobe InDesign CC 2019 软件可以设计出美观、新颖的卡片作品，如图 1-7 和图 1-8 所示。

（3）平面广告设计。

平面广告是视觉传达类广告，属于静态广告类型，公众获取的信息有 70% 是从视觉获得的。图形、文案、色彩是构成平面广告的三大要素。这些要素在广告中的作用不同。使用 Adobe InDesign CC 2019 软件可以更灵活地进行版式设计和平面广告设计，更好地编辑和推广内容，如图 1-9 和图 1-10 所示。

（4）宣传单设计。

宣传单又称传单，有单张和多页面之分，是各行各业应用最早和最广泛的宣传品。其展示效果好，能快速传达企业的信息。对于企业来说，派发宣传单是直接有效的拓展顾客的方式之一。使用 Adobe InDesign CC 2019 软件可以制作出视觉冲击力强的宣传单，如图 1-11 所示。

图 1-7

图 1-8

图 1-9

图 1-10

图 1-11

（5）画册设计。

一本好的画册是企业营销的敲门砖。随着社会竞争越来越激烈，企业会用各种不同的方式来扩大对外宣传，画册设计就是最重要的表现形式之一。使用 Adobe InDesign CC 2019 软件可以设计出图文并茂且极具设计创意的画册，如图 1-12 所示。

（6）包装设计。

包装是各种产品的外在形象，主要起到保护和美化产品的作用，好的包装可以让产品脱颖而出，吸引消费者的注意力，使消费者产生购买欲望。使用 Adobe InDesign CC 2019 软件可以做出不同风格的包装设计效果图和产品包装的刀模图，如图 1-13 和图 1-14 所示。

图 1-12

图 1-13

图 1-14

（7）书刊版面设计。

书刊是最主要的出版物，也是排版应用最广的领域。书籍文案比较多，图片较少，主要体现在标题、章节、页眉页脚的设计。刊物版面比较灵活，图片和文案占比大，为了让页面更加美观，设计中也会加入很多小图标进行装饰。使用 Adobe InDesign CC 2019 软件进行书刊排版设计，可以让书刊整体风格更统一，造型和设计更加灵活，如图 1-15 和图 1-16 所示。

（8）网页设计。

网页设计特别讲究编排和布局，虽然主页设计不同于平面设计，但有很多共同之处，都是通过文字图形的空间组合，表达出和谐的美感。使用 Adobe InDesign CC 2019 软件可以很容易让多页面的编排设计之间有机联系起来，特别是在处理页面与页面之间的秩序与内容的关系上更加方便，如图 1-17 所示。

图1-15

图1-16

图1-17

（9）电子书籍设计。

电子书籍是网络信息发展的产物之一，是通过网络传播的。电子书可供读者在不同终端上阅读，如手机、电脑、平板、电子阅读器。使用 Adobe InDesign CC 2019 软件可以设计出丰富多彩的电子书籍，让人阅读体验更愉悦。

三、学习任务小结

通过本次课的学习和实训，同学们初步了解了 Adobe InDesign CC 2019 软件在创意排版设计方面的强大功能以及在不同的平面设计领域的应用。课后，大家要对本次课介绍的 Adobe InDesign CC 2019 软件知识进行深入了解，不断提高实操技能。

四、课后作业

在电脑上安装 Adobe InDesign CC 2019 软件，并熟悉软件的界面和菜单，提高实操技能。

Adobe InDesign CC 2019 软件操作界面

教学目标

（1）专业能力：了解 Adobe InDesign CC 2019 软件的操作界面。

（2）社会能力：熟悉 Adobe InDesign CC 2019 软件的功能。

（3）方法能力：能认真倾听，多做笔记，能多问多思勤动手，课堂上相互帮助，提升沟通和表达的能力。

学习目标

（1）知识目标：熟悉 Adobe InDesign CC 2019 软件的工作界面，掌握菜单栏、控制面板、工具箱、面板及状态栏等的基本操作。

（2）技能目标：掌握 Adobe InDesign CC 2019 软件界面组成元素的基本功能。

（3）素质目标：自主学习、细致观察、举一反三、互帮互助。

教学建议

1. 教师活动

教师介绍 Adobe InDesign CC 2019 软件的操作界面主要功能以及一些常用的菜单和面板。同时，指导学生进行课堂实训。

2. 学生活动

认真听老师讲授 Adobe InDesign CC 2019 软件的操作界面知识，并在教师的指导下进行课堂实训。

一、学习问题导入

各位同学，大家好！在了解了 Adobe InDesign CC 2019 排版软件的基本常识后，本次任务我们来学习它的工作界面。Adobe InDesign CC 2019 软件的工作界面主要包括菜单栏、控制面板、工具箱、文档编辑页面、状态栏等。

二、学习任务讲解

1.Adobe InDesign CC 2019 排版软件的操作界面

Adobe InDesign CC 2019排版软件的操作界面包含了菜单栏、控制面板、工具箱、文档编辑页面、状态栏、面板、页面面板、泊槽、滚动条等元素，如图 1-18 所示。

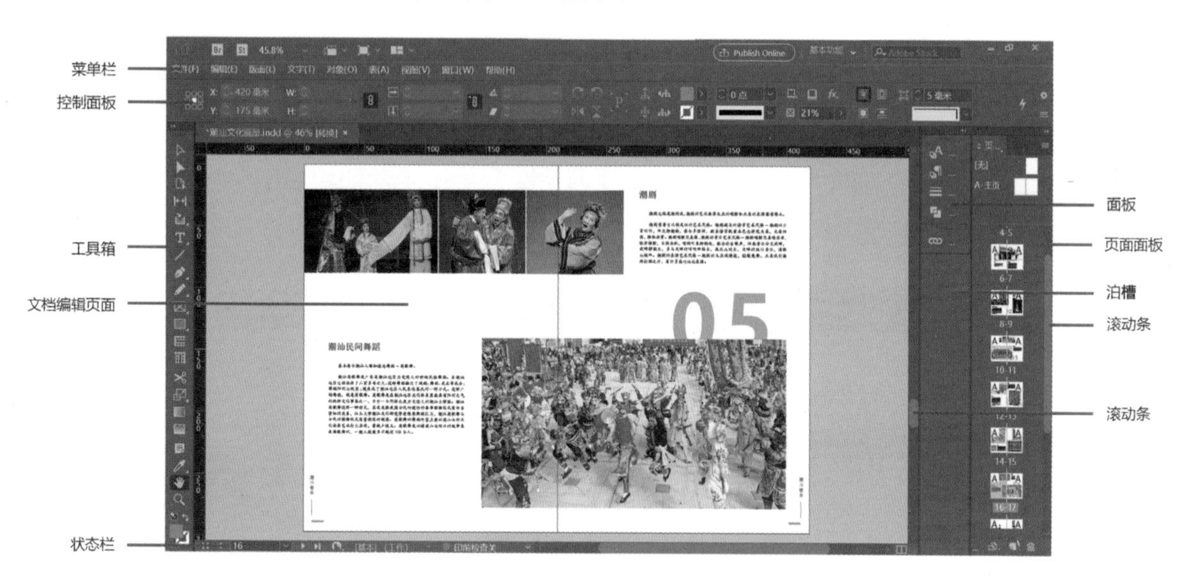

图 1-18

（1）菜单栏：包括 Adobe InDesign CC 2019 软件中所有的操作命令，主要有 9 个主菜单。每个菜单包括多个子菜单，通过这些命令可以完成基本操作。

（2）控制面板：选取或调用与当前页面中所选项目或对象有关的选项和命令。

（3）工具箱：包括 Adobe InDesign CC 2019 所有的工具，其中大部分工具还有展开工具组，里面包含功能相似的工具，可以更方便快捷地进行编辑设计。

（4）文档编辑页面：在工作界面中以黑色实线表示的矩形区域，这个区域的大小就是用户设置的大小，页面区域还包括页面外的出血线、页面内的页边线和栏辅助线。

（5）状态栏：用来显示当前文档的所属页面，文档的状态信息。

（6）面板：可以快速调出许多设置数值和调节功能的对话框。它是软件的重要组件。面板可以折叠，也可以根据需要分离或组合，具有较大的灵活性。

（7）页面面板：用来显示每个工作页面的缩略图，用户可以随意点击不同页面的缩略图来跳转页面，便于用户编辑工作页面。

（8）泊槽：用来组织和存放面板。

（9）滚动条：当屏幕不能全部显示整个文档时，可以通过拖曳滚动条来浏览文档。

2. 菜单栏

熟练使用菜单栏能够快速高效地完成绘制和编辑任务，提高设计排版效率。下面详细介绍菜单栏的功能。Adobe InDesign CC 2019 软件的菜单栏包括文件、编辑、版面、文字、对象、表、视图、窗口、帮助 9 个菜单，如图 1-19 所示。要执行某些功能，只需点击相应的菜单名打开一个下拉菜单，然后继续单击某个菜单项即可，如图 1-20 所示。

3. 控制面板

控制面板位于菜单栏的下方，用于显示与设置当前所选工具或对象相关的属性。控制面板中显示的信息会根据所选工具和对象的不同而改变，如图 1-21 和图 1-22 所示，分别显示了未选对象和所选择“文字工具”的控制面板。

4. 工具箱

Adobe InDesign CC 2019 软件的工具箱包含 30 多种工具，大致可以分为选择类工具、绘图类工具、文字工具、变形类工具以及修改和导航工具等。用户可以利用这些工具进行文本输入和编辑，绘制和编辑图形等设计操作。在默认的情况下，工具箱显示为垂直单列，在工具箱中单击 也可以将其设为单列或者双列。如果需要移动工具箱，可以直接拖动标题栏，如图 1-23 所示。工具箱中有的右下角有一个小三角，表示该工具有展开工具组，用鼠标按住该工具不放，即可弹出展开工具组。

图 1-19

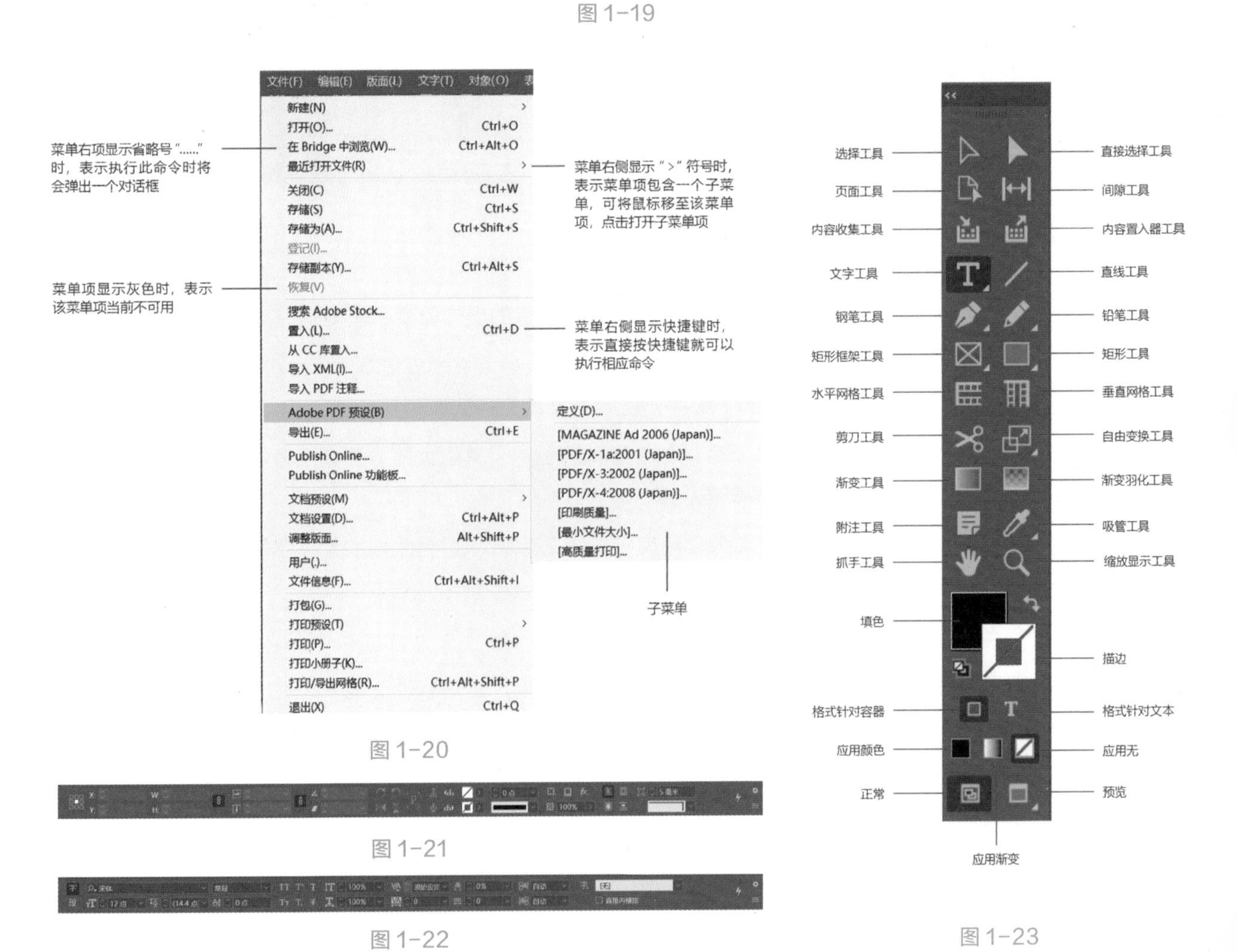

图 1-20

图 1-21

图 1-22

图 1-23

5. 展开工具组

（1）文字工具组包括 4 个工具：文字工具、直排文字工具、路径文字工具和垂直路径文字工具，如图 1-24 所示。

（2）钢笔工具组包括 4 个工具：钢笔工具、添加锚点工具、删除锚点工具和转换方向点工具，如图 1-25 所示。

（3）铅笔工具组包括 3 个工具：铅笔工具、平滑工具和抹除工具，如图 1-26 所示。

（4）矩形框架工具组包括 3 个工具：矩形框架工具、椭圆框架工具和多边形框架工具，如图 1-27 所示。

图 1-24

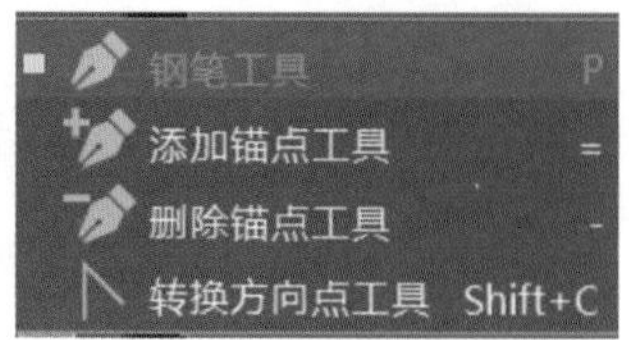

图 1-25

图 1-26

图 1-27

（5）矩形工具组包括 3 个工具：矩形工具、椭圆工具和多边形工具，如图 1-28 所示。

（6）自由变换工具组包括 4 个工具：自由变换工具、旋转工具、缩放工具和切变工具，如图 1-29 所示。

（7）吸管工具包括 2 个工具：吸管工具和度量工具，如图 1-30 所示。

（8）预览工具组包括 4 个工具：预览、出血、辅助信息区和演示文稿，如图 1-31 所示。

图 1-28

图 1-29

图 1-30

图 1-31

6. 面板

面板的种类有很多。Adobe InDesign CC 2019 软件将一些常用的面板以标签的方式显示在工作页面右侧，主要有页面、色板、颜色、渐变、效果、链接、描边、路径查找器、对齐、段落、字符、文本绕排等。将面板展开后，可在面板中设置选项对图像和文档进行编辑。如果要使用更多的面板，可以点开“菜单栏\窗口”菜单，在弹出的子菜单中选择并载入新的面板。按住“Shift+Tab”组合键，可以显示和隐藏除控制面板外的所有面板，按“Tab”键，可以隐藏所有面板和工具面板。

（1）页面面板。

在 Adobe InDesign CC 2019 软件中创建或打开一个新的面板后，页面面板会显示该文档包含的页面。页面面板显示了每个工作页面的缩略图，用户可以单击不同的页面缩略图，自由切换页面，也可以通过单击面板下方的按钮，添加或删除页面，如图 1-32 所示。

（2）色板面板。

Adobe InDesign CC 2019 软件中的色板面板主要用于设置颜色。面板中提供了多种预设的颜色，用户只要单击工作页面中的对象，再单击色板面板中的色块，就可进行颜色的填充设置。如果需要给对象设置描边色，则只需单击面板左上角的“描边”图标，然后再单击下方的色块，如图 1-33 所示。色板面板还可以设置新的颜色增加到面板中，方便对不同对象填充相同颜色。

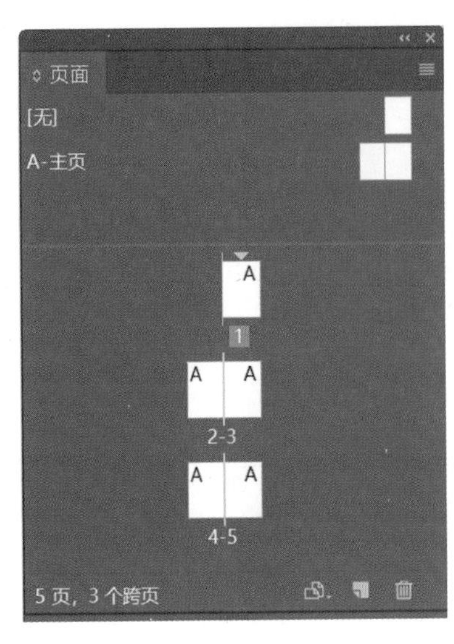

图 1-32

图 1-33

(3) 颜色面板。

Adobe InDesign CC 2019 软件中的颜色面板用于设置填充色和描边颜色。在面板中单击填色色块，拖动颜色滑块可为选定对象设置填充颜色；单击描边色块，启用描边，拖动颜色滑块可为选定的对象描边，如图 1-34 所示。

(4) 渐变面板。

Adobe InDesign CC 2019 软件中的渐变面板用于对渐变色的设置。默认的情况下，颜色为黑白渐变色填充，用户可以在面板中单击颜色色标后，结合工具箱中的“填色”或“描边”按钮，为选定的对象设置渐变色填充效果。如果要添加渐变色，可在色标上添加节点，点击节点，选择需要的颜色即可，如图 1-35 所示。

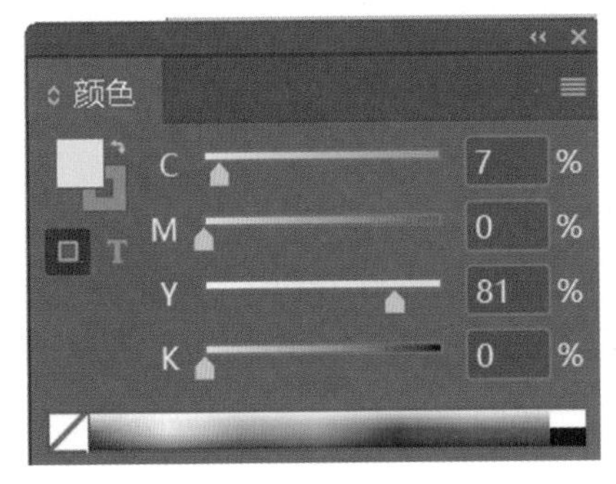

图 1-34

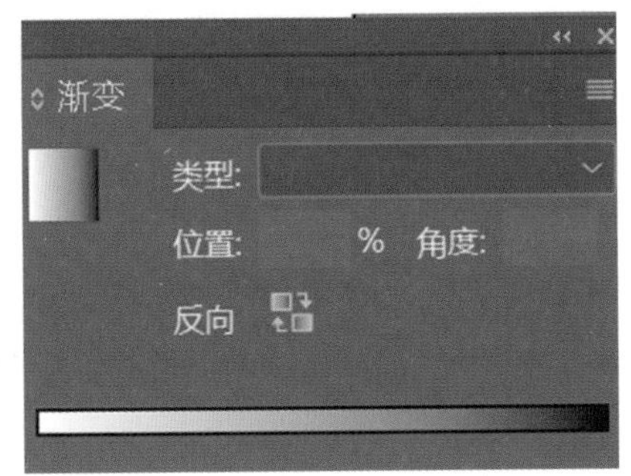

图 1-35

(5) 效果面板。

Adobe InDesign CC 2019 软件中的效果面板和 Photoshop 中的“图层”有相同之处，主要用于设置图像的混合模式以及不透明度等，如图 1-36 所示。通过点击混合模式的右侧倒三角按钮，可以设置图像的混合方式，如图 1-37 所示。单击“不透明度”右侧的倒三角按钮，在展现的滑动条上拖动可以调整对象的不透明度。

(6) 链接面板。

Adobe InDesign CC 2019 软件中的链接面板主要用于图像链接的设置。此面板中显示当前编辑的文档版面中所有的链接对象信息。如果链接对象旁边有个感叹号，则表示链接对象丢失，可以通过重新链接的方式进行对象的链接操作，如图 1-38 所示。

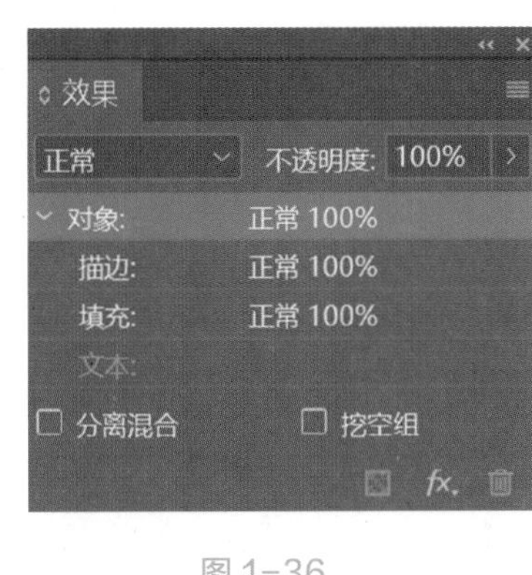

图 1-36

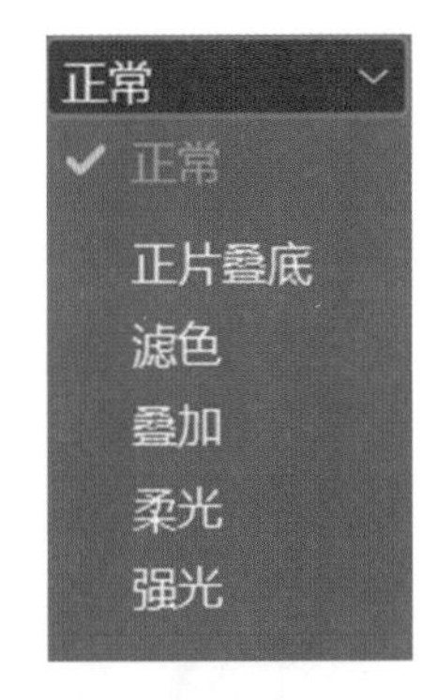

图 1-37

图 1-38

(7) 描边面板。

Adobe InDesign CC 2019 软件中的描边面板主要用于描边设置。面板中包括描边的粗细、对齐描边、起始处和结束处的选项，如图 1-39 所示。

(8) 路径查找器面板。

Adobe InDesign CC 2019 软件中的路径查找器面板主要用于路径编辑的设置。面板中有强大的路径编辑命令，可以创建各种不同的复合形状，还可进行图形间的自由转换，如图 1-40 所示。

（9）对齐面板。

Adobe InDesign CC 2019 软件中的对齐面板主要用于选择对象对齐和分布的设置。在对齐对象时可以选择对象的边缘、锚点、所选对象、面板、关键的对象等作为参考点。单击选择【对象对齐】的命令后，面板中选项按钮即可显示可用状态，如图 1-41 所示。

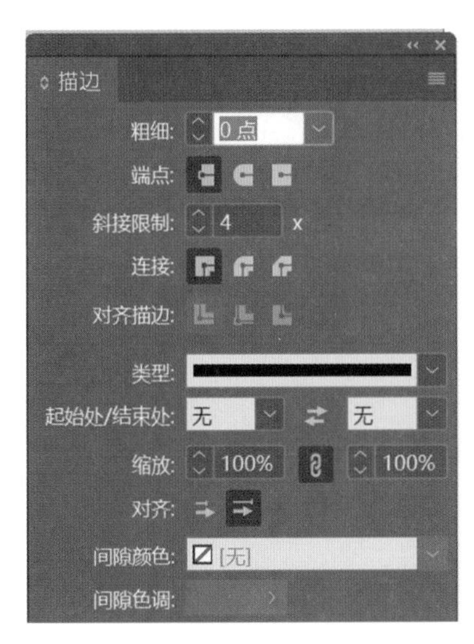

图 1-39

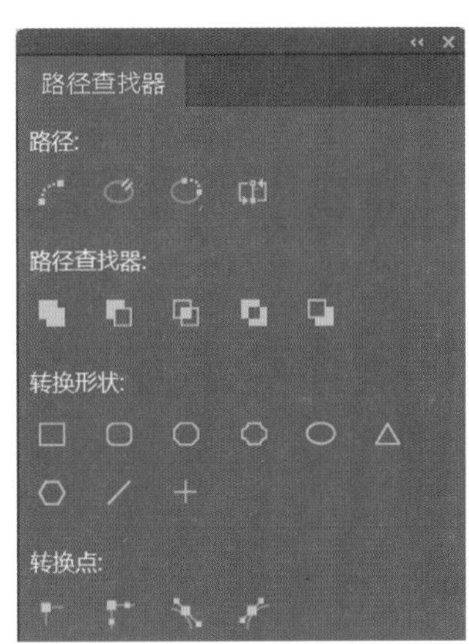

图 1-40

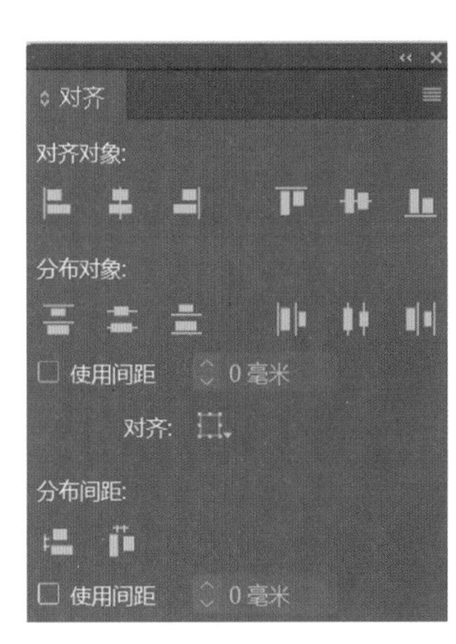

图 1-41

（10）段落面板。

Adobe InDesign CC 2019 软件中的段落面板主要用于段落文本的设置。可以设置文本的对齐方式，指定段落缩进值，以及添加文本首行缩进以及首字下沉效果，如图 1-42 所示。

（11）字符面板。

Adobe InDesign CC 2019 软件中的字符面板主要用于文本编辑和修改的设置。字符面板的功能和 Photoshop 中的字符面板功能相同，可以对文本进行调整，包括文字的字体、字号、字体间距、字体行距等，如图 1-43 所示。

（12）文本绕排面板。

Adobe InDesign CC 2019 软件中的文本绕排面板主要用于文本编辑过程中文本绕排绕的设置。文本绕排是很多画册、书刊等经常使用的效果。面板中设置了多种文本绕排的方式，也可以通过修改参数，改变文本和图片的距离关系，如图 1-44 所示。

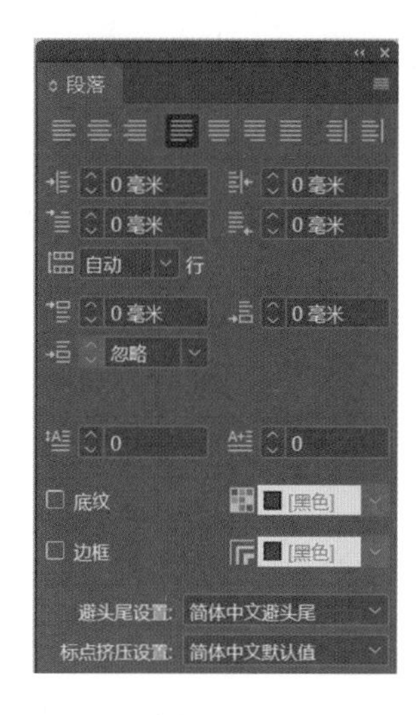

图 1-42

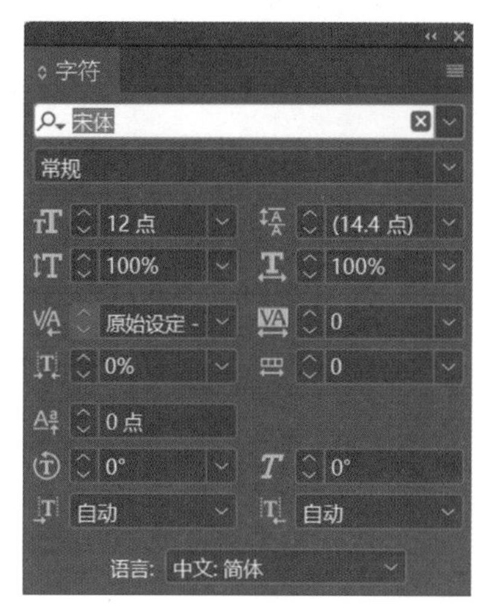

图 1-43

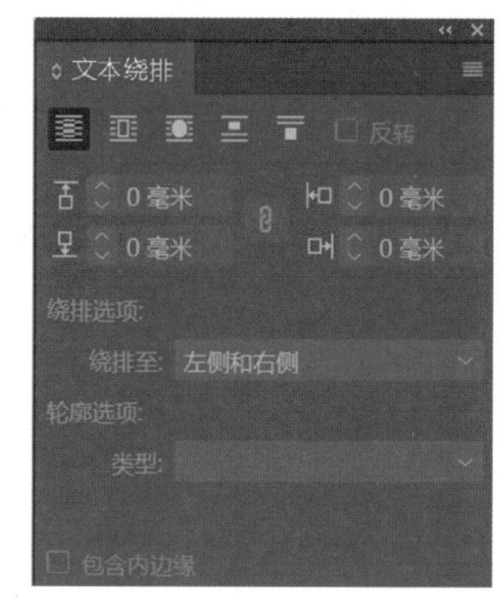

图 1-44

三、学习任务小结

本次学习任务介绍了 Adobe InDesign CC 2019 软件的操作界面，以及在进行平面设计中经常会使用到的菜单、工具、面板等工具。课后，大家要对本次课所介绍的 Adobe InDesign CC 2019 软件知识进行深入了解，不断提高实操技能。

四、课后作业

熟悉 Adobe InDesign CC 2019 软件操作界面，对菜单、工具、面板等功能进行反复练习。

Adobe InDesign CC 2019 软件基本操作

教学目标

（1）专业能力：掌握 Adobe InDesign CC 2019 软件的基本操作方法。

（2）社会能力：能用 Adobe InDesign CC 2019 软件设计出富有创意的平面设计作品。

（3）方法能力：能认真倾听，多做笔记，能多问多思勤动手，课堂上相互帮助，提升沟通和表达能力。

学习目标

（1）知识目标：掌握 Adobe InDesign CC 2019 软件的基本操作方法，包括新建文档，页面添加、删除，调整页面的大小，文档导出，打包以及使用视图与页面窗口等。

（2）技能目标：能熟练掌握 Adobe InDesign CC 2019 软件的基本操作方法。

（3）素质目标：具备自主学习、信息整理、举一反三、互帮互助等综合职业能力。

教学建议

1. 教师活动

教师介绍 Adobe InDesign CC 2019 软件的基本操作方法以及一些常用的快捷键，同时指导学生进行课堂实训练习。

2. 学生活动

认真听教师介绍 Adobe InDesign CC 2019 软件的基本操作方法以及一些常用的快捷键，并在教师的指导下进行课堂实训练习。

一、学习问题导入

各位同学，大家好！在了解了 Adobe InDesign CC 2019 软件的工具界面后，接下来我们继续学习 Adobe InDesign CC 2019 软件的基本操作方法，包括新建文档，保存、打开文件，页面添加、删除，调整页面的大小，文档导出，打包以及视图与页面窗口等。

二、学习任务讲解

1. 文档的基本操作

（1）新建文档。

新建文档是设计的第一步，可以根据自己的设计需求新建文档。启动 Adobe InDesign CC 2019 软件后，系统会自动弹出一个对话框，用户可根据设计需要自定义，也可以执行【文件】-【新建】-【文档】命令或按 Ctrl+N 快捷键，在弹出的对话框中设置新文档的相关参数，设置文档的名称、纸张大小、纸张的方向等属性，如图 1-45 所示。文档参数设置完毕，点击【边距和分栏】按钮，页面弹出对话框，如图 1-46 所示。在此对话框中可以进一步设置新文档的属性，如页边距、分栏、栏间距、排版方向。单击【确定】按钮退出对话框，即可创建一个新的空白文件。

在【新建文档】对话框中，单击【版面网格对话框】按钮，弹出对话框，如图 1-47 所示。在此对话框中可以设置网格的方向、字间距及栏数等属性。单击【确定】按钮退出对话框，即可创建一个新的空白文件。

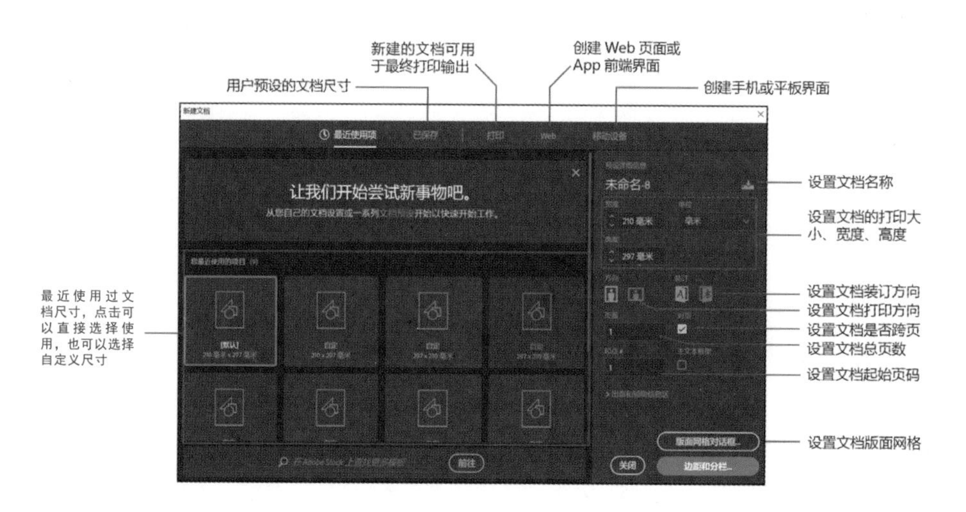

图 1-45

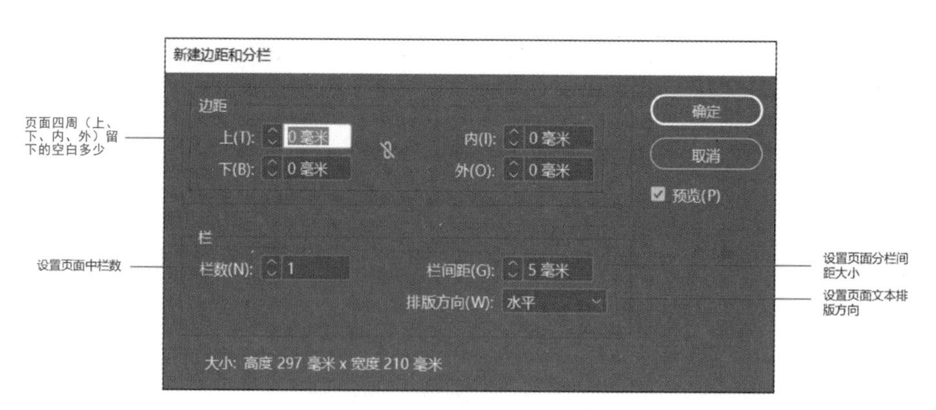

图 1-46

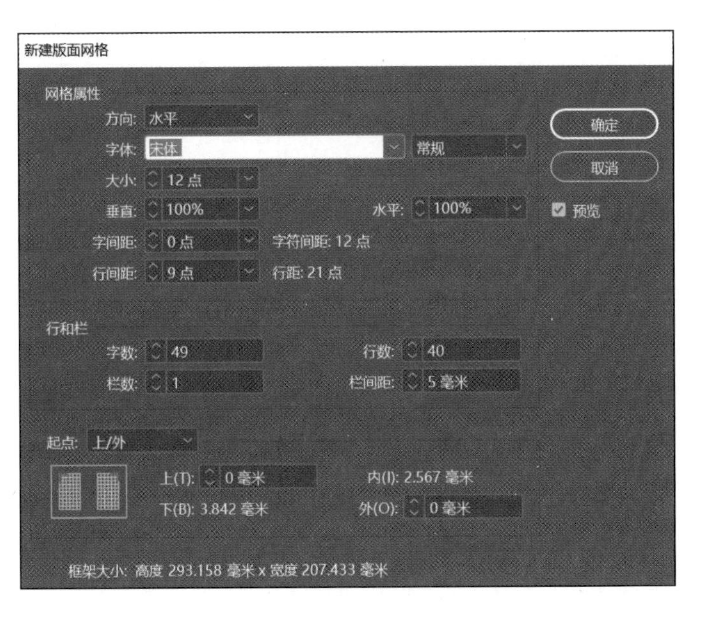

图 1-47

（2）存储文件。

存储是重要的基础操作之一。用户的所有设计都需要用此功能存储起来。存储操作分为直接存储和另存两种。

①保存新建文件。

选择【文件】-【存储】命令或按 Ctrl+S 快捷键，即可将当前文档保存起来，如果是第一次执行存储操作，会弹出【存储为】对话框，如图 1-48 所示。

②另存已有文件。

选择【文件】-【存储为】命令或按 Ctrl+Shift+S 快捷键，可以另外命名、选择保存路径或保存格式。

③全部存储。

当用户打开了多个文档时，若要一次性对这些文档进行保存操作，可执行 Ctrl+Alt+Shift+S 快捷键。

(3) 打开文件。

选择【文件】-【打开】或按 Ctrl+O 快捷键，在弹出的对话框中选择要打开的文件，如图 1-49 所示。

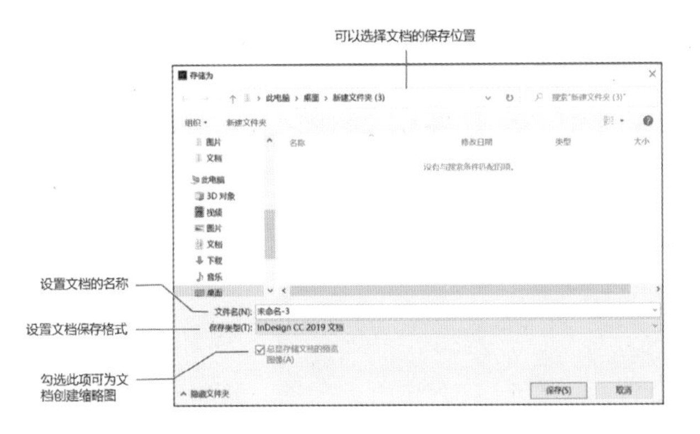

图 1-48

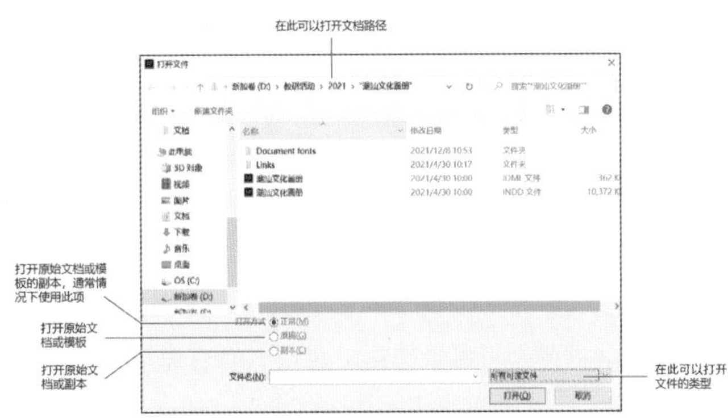

图 1-49

(4) 关闭文件。

选择【文件】-【关闭】或按 Ctrl+W 快捷键，在弹出的对话框中选择要打开的文件。若要同时关闭多个文档，可在任意一个文档选项卡上单击右键，在弹出的对话框中选择【全部关闭】命令或按 Ctrl+Alt+Shift+W 快捷键。

（5）页面的添加与删除。

Adobe InDesign CC 2019 软件在创建多页面作品设计时，就需要对多个页面进行编辑与设置，在 Adobe InDesign CC 2019 中可以给正在创建或正在编辑的文档添加单个或多个页面。添加页面的方法有多种方法。

方法一：执行【版面】-【页面】-【添加页面】命令，或按 Ctrl+Shift+P 快捷键。

方法二：单击【页面】面板下方的【创建新页面】按钮添加新页面。

方法三：执行【版面】-【页面】-【插入页面】命令，弹出的对话框，在【页数】中输入插入的页数，并指定插入的位置，点击【确定】，在指定的页面后面插入多个页面，如图 1-50 所示。

执行添加页面只能在文档末尾添加新的文档页面，如果需要在指定的页面位置添加页面，就需要在页面面板中添加，选中页面，在面板下方点击按钮添加新页面，就会在选中页面的后面增加一个新页面。

（6）调整页面的大小。

在文档编辑过程中，根据设计需要对页面的大小进行调整时，可执行【文件】-【文档设置】或按（Ctrl+Alt+P）快捷键弹出对话框，设置页面大小或高度、宽度参数，点击【确定】，将改变文档页面的大小，如图 1-51 所示。

如果想改变单个页面的大小，可选中要更改页面，在页面面板下方点击按钮，在弹出的对话框中选择页面的尺寸，也可以自定义尺寸，如图 1-52 所示，这样就会改变指定页面的大小。

2. 设置显示比例

根据不同的查看要求，我们常常在操作过程中要设置不同的显示比例。下面介绍下几种不同显示比例的方法。

（1）选择【视图】-【放大】命令或按 Ctrl+=、Ctrl++ 快捷键，可将当前的页面按比例放大。

（2）选择【视图】-【缩小】命令或按 Ctrl+- 快捷键，可将当前的页面按比例缩小。

（3）选择【视图】-【使页面适合窗口】命令或按 Ctrl+O 快捷键，可将当前的页面按屏幕大小进行显示。

（4）选择【视图】-【使跨页适合窗口】命令或按 Ctrl+Alt+O 快捷键，可将当前的跨页按屏幕大小进行显示。

（5）选择【视图】-【实际尺寸】命令或按 Ctrl+1 快捷键，可将当前的页面以 100% 进行显示。

（6）另外在未选择任何文件的情况下，在文档的空白处单击鼠标右键，在弹出的对话框中也可以选择相应的命令，如图 1-53 所示。

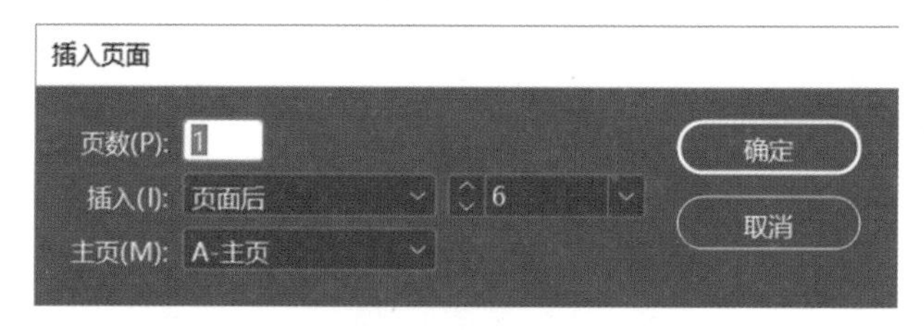

图 1-50

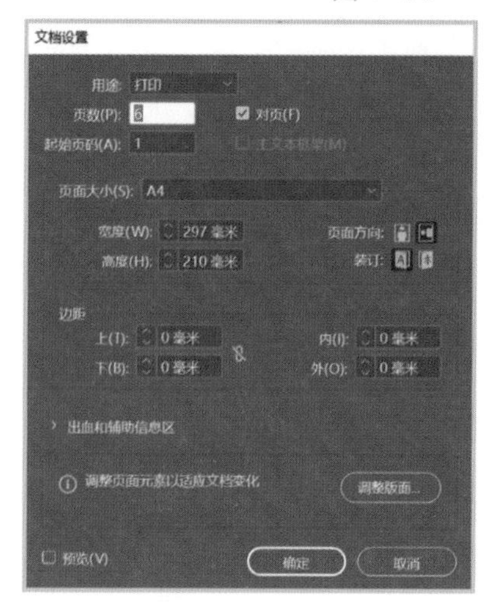

图 1-51

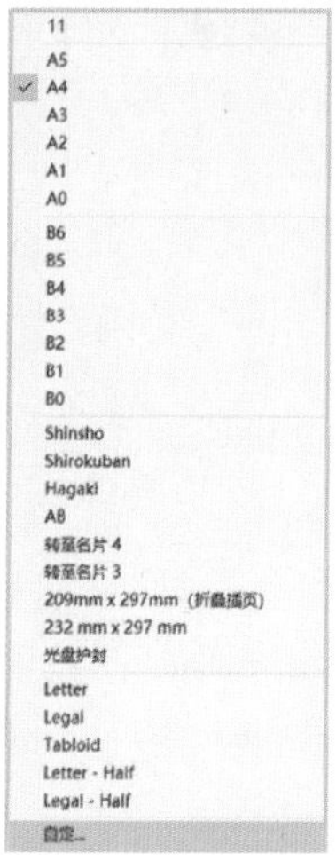

图 1-52

（7）使用工具箱中的【缩放工具】，可以调整页面的显示比例。当光标为状态时，在当前的文档页面中单击鼠标左键，即可将文档的显示比例放大；保持【缩放工具】选择状态，按住 Alt 键，当光标显示为状态时，在当前的文档页面中单击鼠标左键，即可将文档的显示比例缩小。

（8）使用应用程序栏中设置显示比例，在【显示比例】下拉列表中点击一个比例值，或手动输入具体的显示比例数据，如图 1-54 所示。

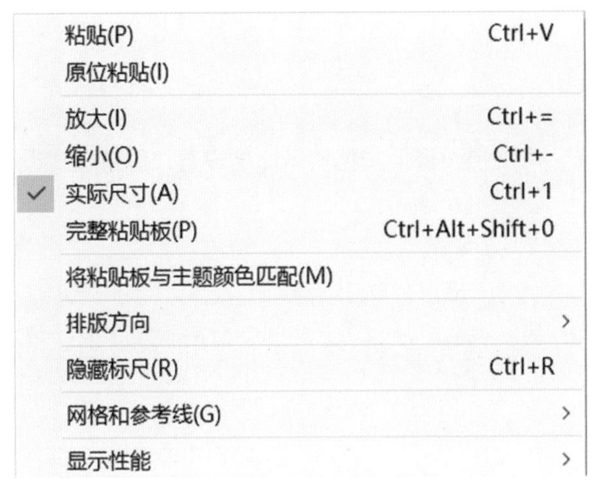

图 1-53

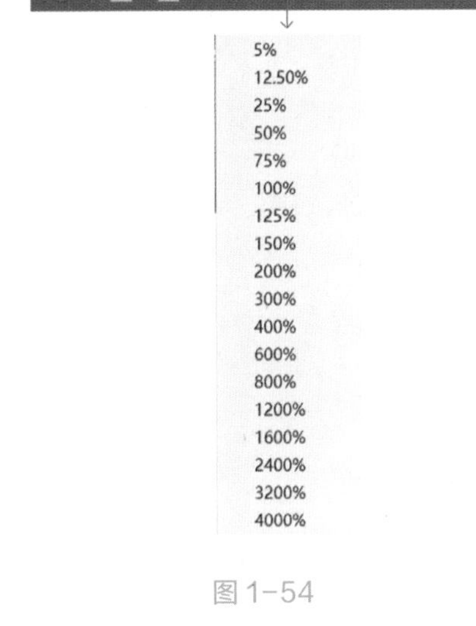

图 1-54

3. 实训任务三：设置屏幕模式

屏幕模式可用于添加页面辅助元素，如参考线、网格、文档的框架、出血的显示方式。其选择方法如下。

（1）选择【视图】-【屏幕模式】，子菜单中有相应的命令。

（2）在工具箱底部的【预览】按钮上单击鼠标右键，在弹出的菜单中选择一种屏幕模式。

（3）在应用程序栏中的【屏幕模式】按钮上单击，在弹出的菜单中选择一种屏幕模式。

（4）按 W 键，可以在最近使用的一种屏幕模式与正常模式之间进行快速切换。

文档的浏览方式包括正常、预览、出血、辅助信息区、演示文稿这几种模式。

（1）正常：在该模式下参考线、文档的框架、出血线等所有打印和不打印的元素都会在屏幕上显示出来。

（2）预览：按照最终输出显示的文档页面呈现。该模式下只显示文档边界内的元素，不显示出血线位置。

（3）出血：按照最终输出显示的文档页面呈现。在该模式下，在出血线以内的可打印的元素都会显示出来。

（4）辅助信息区：该模式与预览模式一样，完成按照最终输出显示文档页面，所有非打印线、网格都被禁止，不同的是文档辅助信息区的所有可打印元素都会显示出来，不再以裁切线为界。

（5）演示文稿：将页面的所有应用程序和菜单都隐藏起来，在文档的页面上只能通过鼠标和键盘操作。在此模式下不能对文档进行编辑，但可进行以下操作。

① 按住 Shift 键配合鼠标，可翻看上下跨页。

② 按 Esc 键可以退出演示文稿模式。

③ 按 B 键可以将背景颜色更改为黑色。

④ 按 W 键可以将背景颜色更改为白色。

⑤ 按 O 键可以将背景颜色更改为灰色。

三、学习任务小结

通过本次任务，同学们初步了解了 Adobe InDesign CC 2019 软件的基本操作方法，及其在平面设计中常见的基础操作命令，如文档设置、文档显示比例设置、屏幕模式设置等。课后，大家要对本次任务所介绍的 Adobe InDesign CC 2019 软件基本操作知识进行深入了解，不断提高实操技能。

四、课后作业

熟悉 Adobe InDesign CC 2019 软件基本操作，对文档设置、文档显示比例设置、屏幕模式设置等功能进行反复练习，以提高实操技能。

项目二

编辑绘制图形实训

学习任务一 图标设计

学习任务二 海报设计

图标设计

教学目标

（1）专业能力：能根据任务要求，进行图标设计与制作任务的分析，能运用 Adobe InDesign CC 2019 软件将图形设计草图制作成标准规范的图形。

（2）社会能力：能在图形设计与制作的过程中精益求精，认真细致，具备工匠精神。

（3）方法能力：能收集相关图标设计案例资料，对图形设计的案例归纳分析，吸收借鉴。课堂上小组活动主动承担责任，相互帮助。课后在专业技能上多实践。

学习目标

（1）知识目标：掌握运用 Adobe InDesign CC 2019 软件进行图形设计与制作的方法和步骤。

（2）技能目标：能发挥设计创意，并运用 Adobe InDesign CC 2019 软件进行图形设计与制作。

（3）素质目标：具备创意思维能力和艺术表现能力，同时能大胆、清晰地讲解自己的作品，具备团队协作能力和语言表达能力。

教学建议

1. 教师活动

（1）教师引入本次学习任务情境，示范运用 Adobe InDesign CC 2019 软件进行图形设计与制作的过程。

（2）教师需要在学生进行图形设计与制作训练过程中，引导学生对图形造型进行细节的观察与分析，体会 Adobe InDesign CC 2019 软件中的工具和命令操作方法与技巧。

（3）教师引导学生举一反三，综合运用 Adobe InDesign CC 2019 软件中的工具与命令进行不同案例图形制作的训练。

2. 学生活动

（1）根据教师给出的图标设计与制作的学习任务，学生认真聆听教师讲解，观察教师对图形案例的演示操作，同时记录操作方法与技巧。

（2）学生在图形设计与制作训练过程中，能够对图形设计方法与制作技巧进行不断反思和分析，利用 Adobe InDesign CC 2019 软件的工具和命令不断调整得到图形最佳制作效果，并与教师进行良好的互动和沟通。同时，能够举一反三，运用本次课的图形制作方法与技巧进行不同的操作实训。

一、学习问题导入

各位同学，大家好！根据客户需求，我们目前已经完成收集相关资料、方案拟定、图形设计草图、客户确稿四个阶段的学习任务。我们先看下这个图形，它是确稿后的样稿，如图 2-1 所示。接下来我们将利用 Adobe InDesign CC 2019 软件完成该图形标准规范的电子稿制作的学习任务。

图 2-1

二、学习任务讲解

同学们通过案例的练习，熟练掌握选择工具、直接选择工具、矩形工具、椭圆工具、钢笔工具、矩形框架工具、渐变工具、自由变换工具、吸管工具、直接复制命令、变换命令、排列命令、效果命令、群组命令、属性面板等在本案例中的应用及操作方法与技巧。

1. 布局

（1）新建页面。

执行【菜单】-【文件】-【文档】命令（快捷键 Ctrl+N），新建一个 100 毫米 ×100 毫米页面，设置如图 2-2 所示。

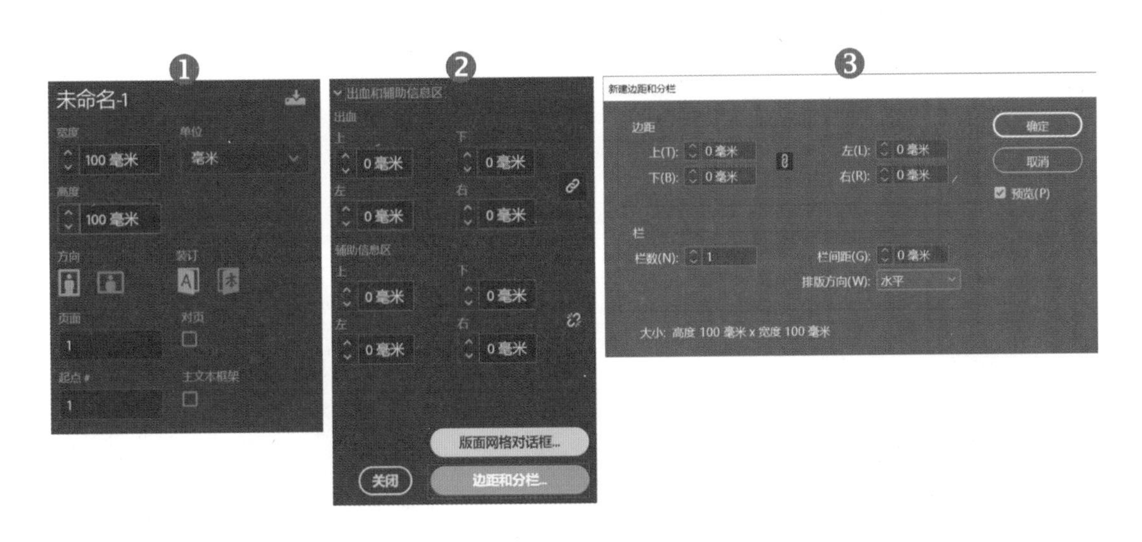

图 2-2

（2）辅助设置。

执行【菜单】-【视图】-【网格和参考线】-【锁定栏参考线】、【靠齐参考线】、【智能参考线】命令，其目的是让图形与页面、图形与图形、参考线与图形和页面之间相互吸附对齐，【属性】面板也会呈现一一对应关系，设置如图 2-3 所示。同时，执行【菜单】-【视图】-【显示标尺】命令（快捷键为 Ctrl+R），其目的是从标尺中拖出参考线。

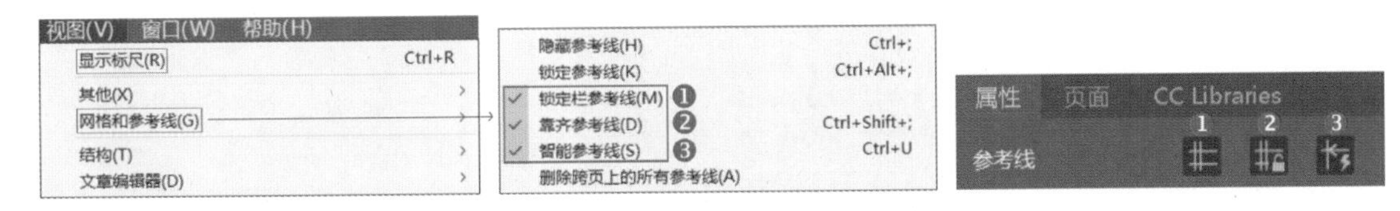

图 2-3

（3）区域划分。

图形由五个部分组成，通过鼠标左键拖出参考线划分区域。参考线默认为青色，如果想修改参考线颜色，可以点选参考线，在【参考线】面板上的【参考线选项】进行修改，具体如图 2-4 所示。

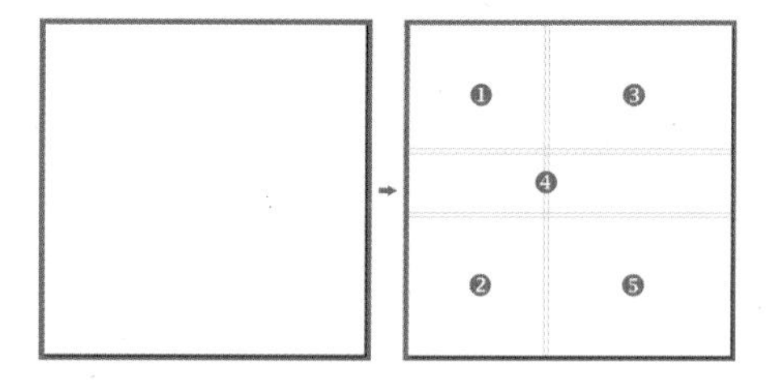

图 2-4

2. 绘制图形第①部分

（1）首先应该按照远 - 中 - 近顺序先绘制背景，执行【矩形工具】命令，沿着页面边缘和参考线画出第①部分的矩形框作为内部图形的区域，在矩形框中分别画出宽度不同的两个矩形（注意吸附对齐命令一定要打开）。然后执行【选择工具】命令，鼠标左键点选第二个矩形，按住 Alt 键复制第三个矩形，复制后执行【菜单】-【编辑】-【直接复制】命令（快捷键为 Ctrl+Alt+Shift+D）连续复制 4 次。如果复制的图形超出了或没有超出范围区域，可以利用【选择工具】全部选择矩形进行吸附对齐，如图 2-5 所示。

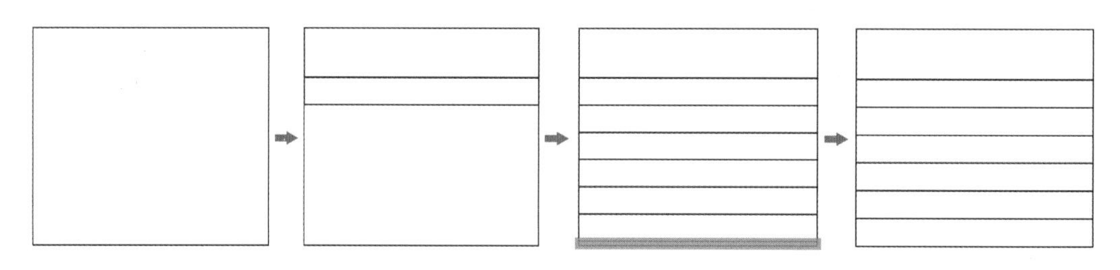

图 2-5

（2）点选第一个矩形条执行【颜色工具】命令，在【属性】面板中找到【外观】设置，填充颜色（C=100 M=50 Y=0 K=30），描边颜色为纸色。点选第二个矩形条执行【渐变工具】命令，在【属性】面板 -【外观】中设置渐变颜色，调整渐变位置，描边颜色为纸色。将没有填充渐变的矩形条选中，执行【吸管工具】命令，将属性进行复制，并调整每个矩形条渐变的位置，形成层次感。最后执行【群组】命令（快捷键 Ctrl+G），将图形群组在一起，如图 2-6 所示。

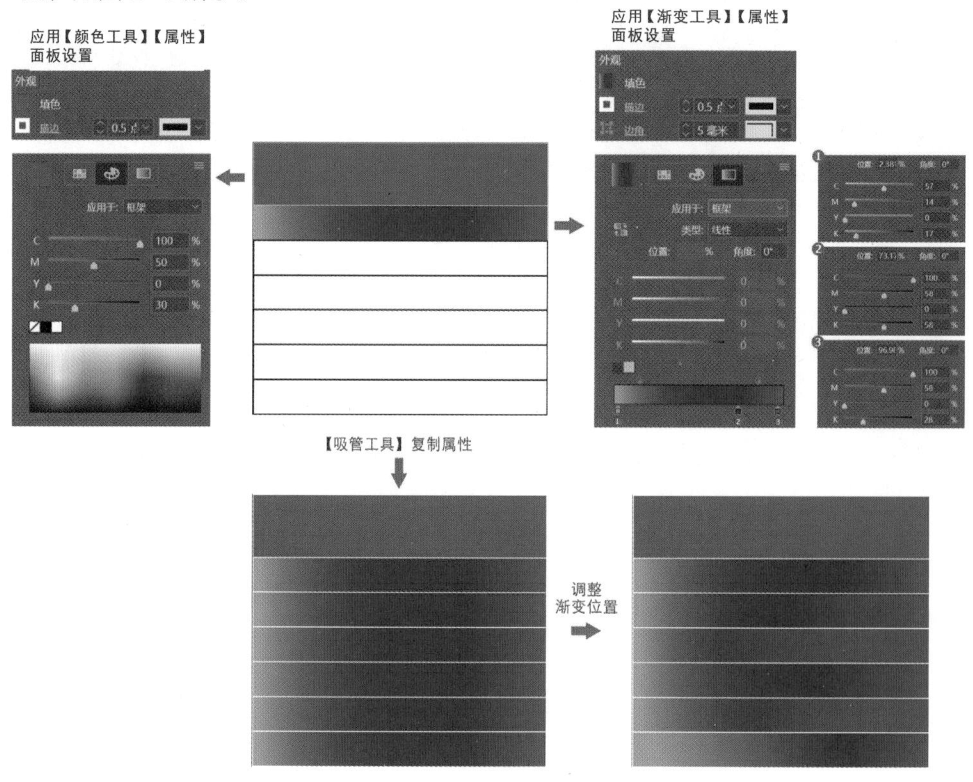

图 2-6

（3）绘制灯管造型，执行【矩形工具】命令绘制灯管的轮廓，通过【属性】面板执行【对齐】-【对齐选区】-【水平居中对齐】和【垂直居中对齐】命令（注意两个以上图形才可以进行对齐，在操作过程中要注意 Shift 键的使用，同时还要注意双选后的图形可以再按住 Ctrl 键进行点选对齐图形对象），如图 2-7 所示。对图形分别执行【颜色工具】和【渐变工具】命令填充颜色，填充颜色后取消轮廓颜色并执行【群组】命令，如图 2-8 所示。

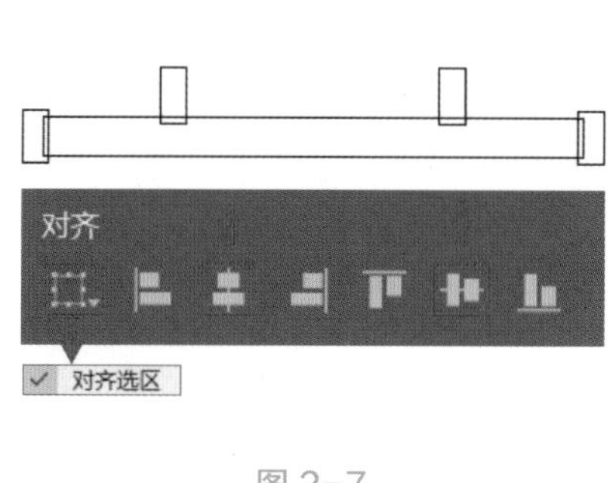

图 2-7

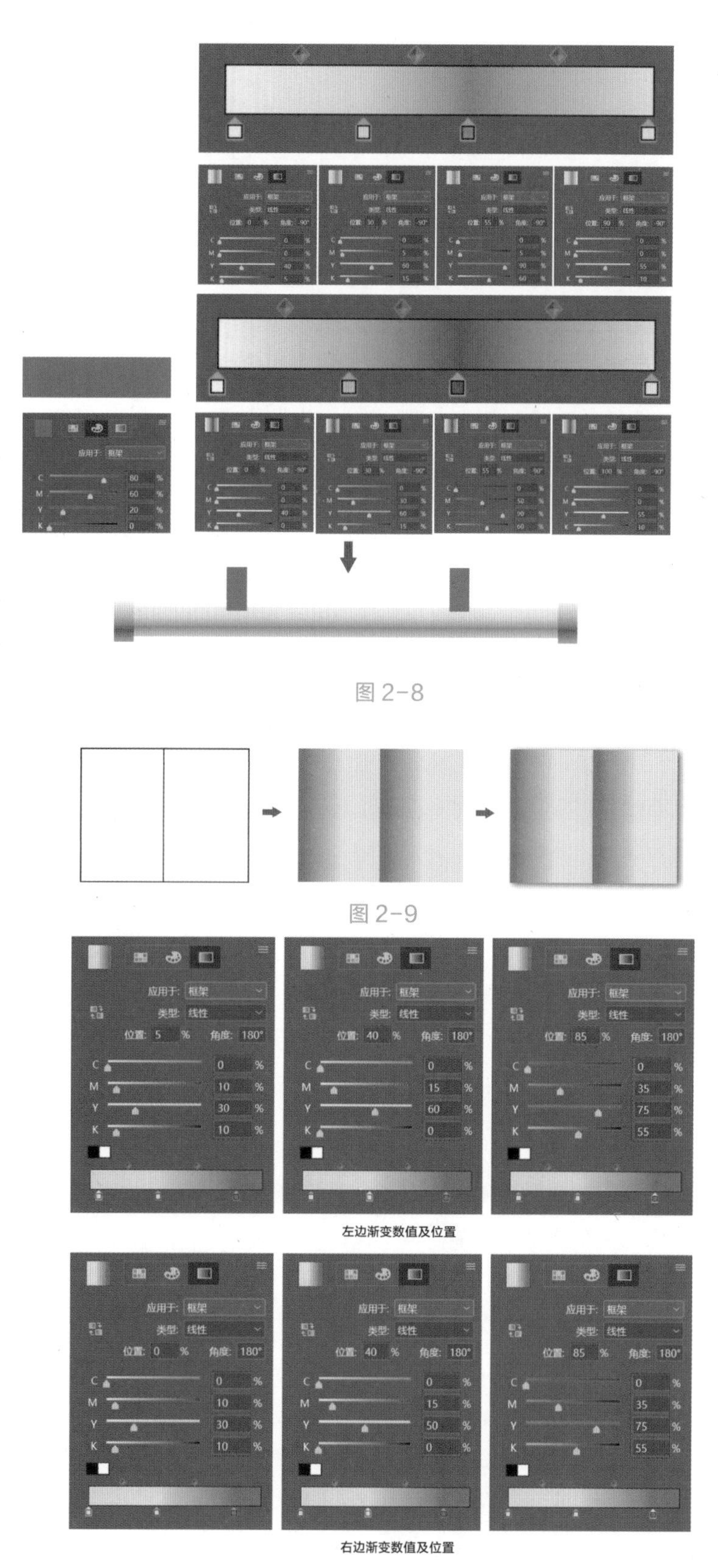

图 2-8

图 2-9

图 2-10

（4）绘制书，执行【矩形工具】命令绘制书的轮廓，对齐步骤同上一步，然后执行【渐变工具】命令，填充渐变颜色，取消轮廓颜色，并执行【群组】命令。最后执行【菜单】-【对象】-【效果】-【投影】命令，完成阴影效果的添加（注意阴影参数可根据效果自定义），如图2-9所示。渐变颜色数值及位置如图2-10所示。

（5）第①部分组合后最终效果如图 2-11 所示。

3. 绘制第②部分

（1）绘制背景，执行【矩形工具】命令，沿着页面边缘和参考线画出第②部分的矩形框作为内部图形的范围区域，执行【渐变工具】命令，在【属性】面板 -【外观】中设置渐变颜色，调整渐变位置，描边颜色为无，如图 2-12 所示。

（2）绘制床，执行【矩形工具】和【钢笔工具】命令，通过【直接复制】命令和【对齐】命令绘制出床的轮廓造型。执行【颜色工具】和【渐变工具】命令，填充颜色，如图 2-13 所示。

颜色设置如图 2-14 所示。

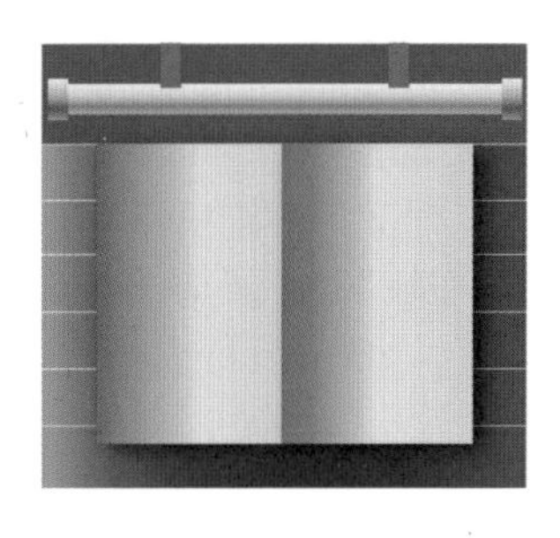

图 2-11

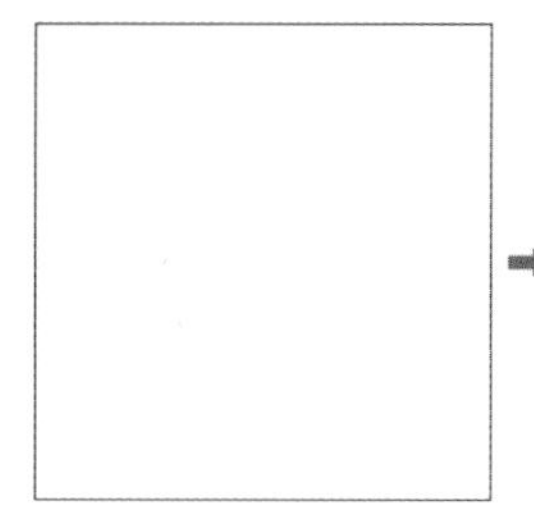

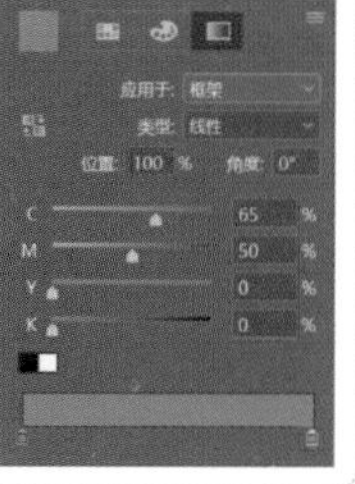
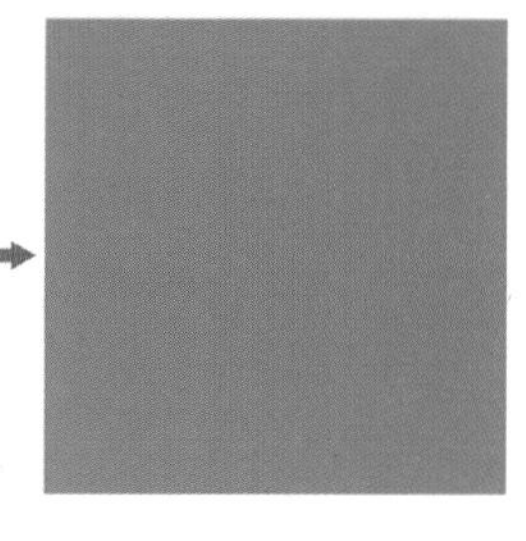

图 2-12

（3）绘制床品图案，执行【钢笔工具】命令，随意画出涂鸦线条，描边颜色（C=65 M=59 Y=7 K=0）。然后执行【菜单】-【对象】-【效果】-【投影】命令，完成阴影效果的添加（注意阴影参数可根据效果自定义）。执行【菜单】-【编辑】-【剪切】命令，点选框架执行【贴入内部】命令，将在线条框架内部涂鸦，如图 2-15 所示。（此时会出现"同心圆"，这是调整框架内部内容的位置的标记，如果要缩放框架里内容的比例，可以用鼠标左键双击框架里的内容进行等比缩放，同时还要按住 Shift 键。如果没有双击框架里的内容，则只是缩放了框架的比例大小。）

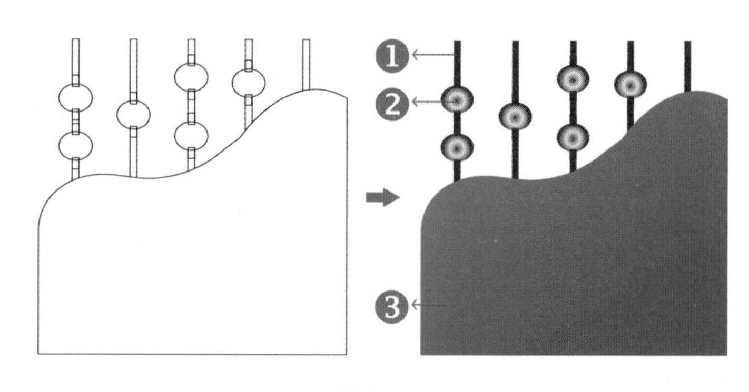

图 2-13

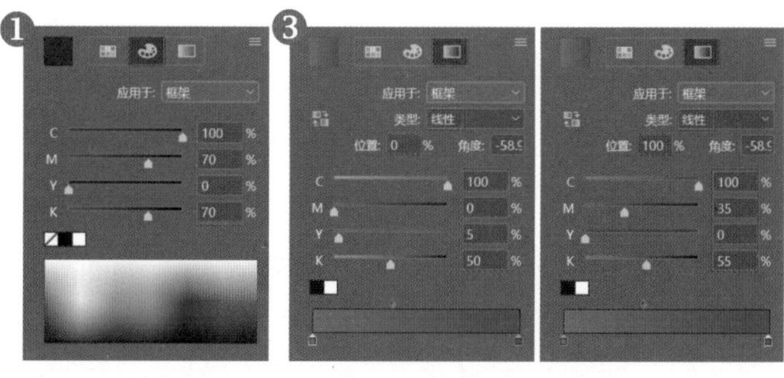
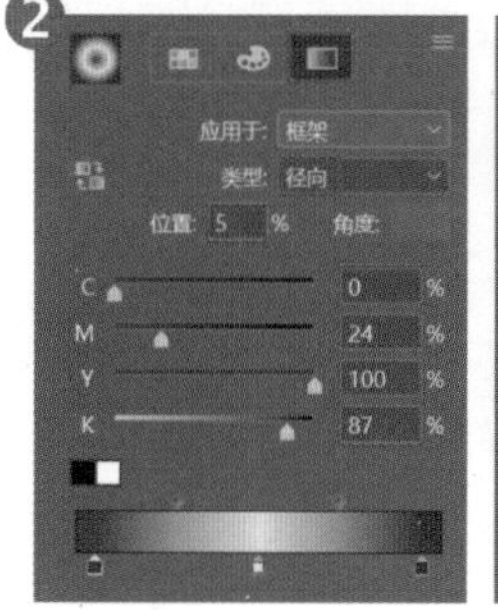
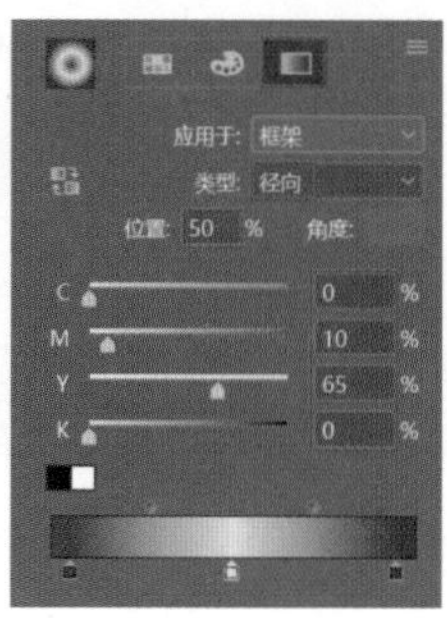
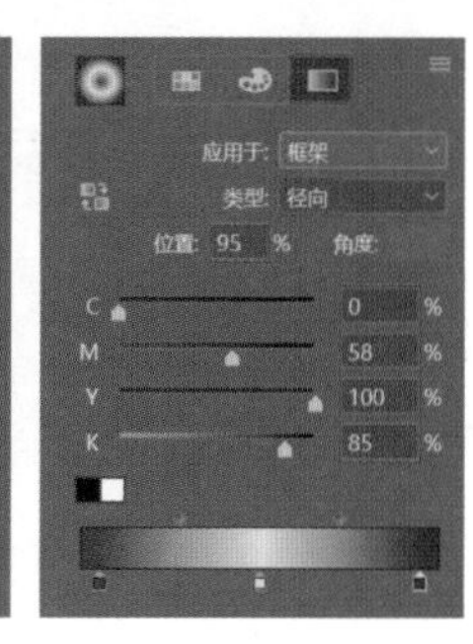

图 2-14

执行【钢笔工具】命令，画出两个三角形进行吸附对齐。执行【颜色工具】命令。填充颜色，通过【群组】【复制】【旋转】【镜像】命令完成"星星"造型，如图 2-16 所示。

（4）第②部分组合后最终效果如图 2-17 所示。

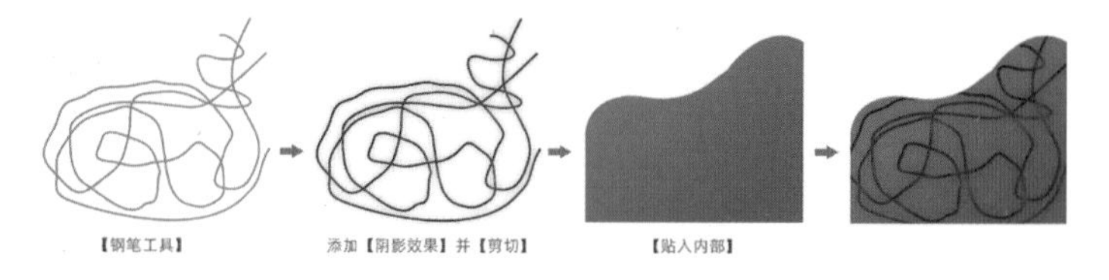

图 2-15

4. 绘制第③部分

（1）绘制背景，执行【矩形工具】命令，沿着页面边缘和参考线画出第③部分的矩形框作为内部图形的范围区域。执行【渐变工具】命令，在【属性】面板-【外观】中设置渐变颜色，调整渐变位置，描边颜色为无，如图 2-18 所示。

（2）绘制书架，执行【矩形工具】命令，画出矩形条，按住 Alt 键进行拖曳复制，通过【对齐】、【路径查找器】-【相加】、【变换】-【水平翻转】命令绘制出书架的

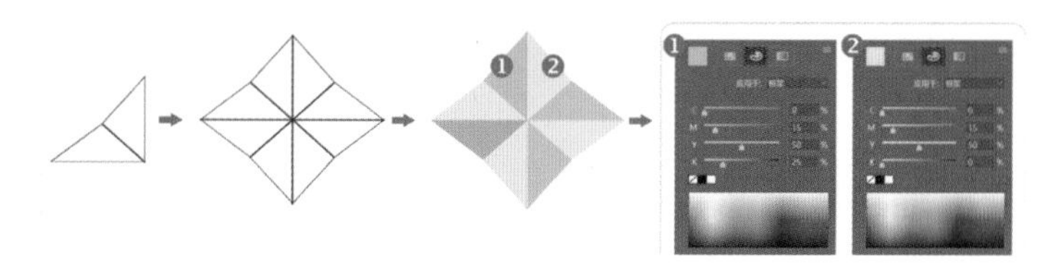

图 2-16

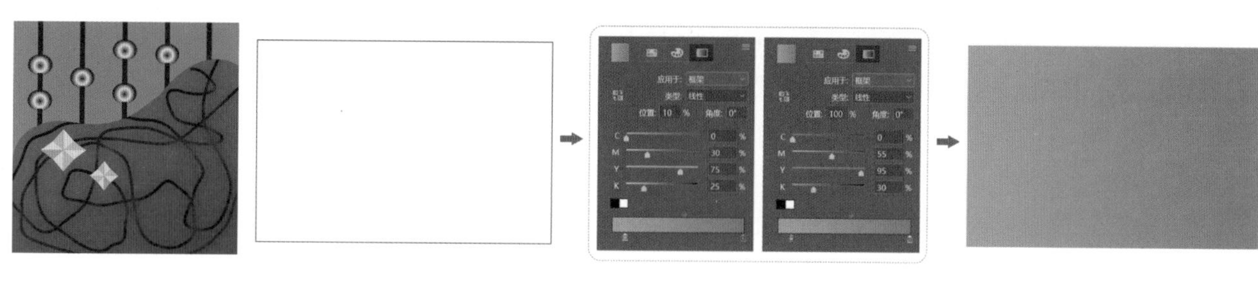
图 2-17　　图 2-18

轮廓。执行【渐变工具】命令填充渐变颜色（这里的 CMYK 颜色数值根据色相自行调试），群组后添加阴影（阴影参数根据效果自定义）。执行【剪切】命令，点选上一步的矩形背景框架完成【贴入内部】命令操作，将多出来的内容隐藏到框架中，如图 2-19 所示。

（3）绘制吊灯，执行【矩形工具】命令画出矩形条，同时执行【菜单】-【对象】-【转换形状】-【三角形】命令完成灯罩轮廓绘制。再执行【椭圆工具】命令画出灯泡轮廓，通过【对齐】命令完成吊灯轮廓造型。最后执行【颜色工具】和【渐变工具】命令填充颜色，填充颜色后进行群组，如图 2-20 所示。

（4）绘制书籍，执行【钢笔工具】命令画出书的基本轮廓线，通过【直接复制】【群组】【镜像】【对齐】命令完成书籍整体轮廓造型。执行【渐变工具】命令填充颜色，再进行群组，如图 2-21 所示。

（5）第③部分组合后最终效果如图 2-22 所示。

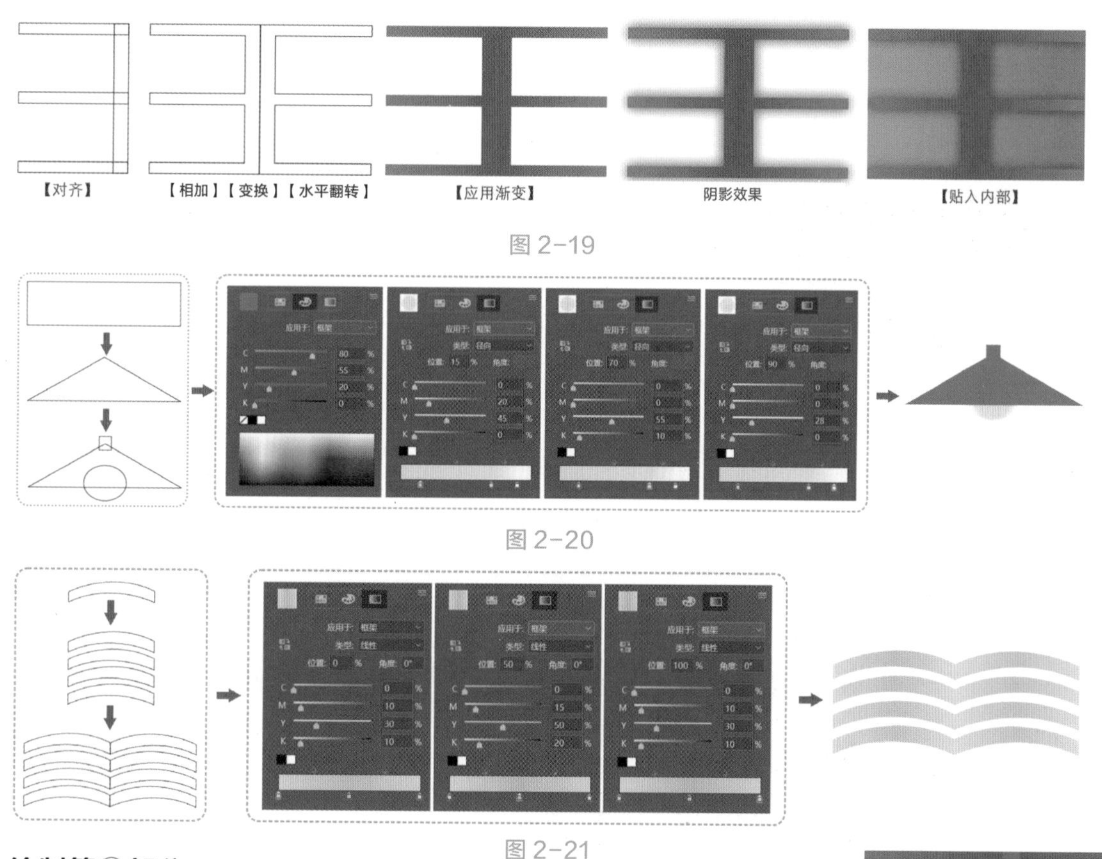

图 2-19

图 2-20

图 2-21

5. 绘制第④部分

（1）绘制背景，执行【矩形工具】命令沿着页面边缘和参考线画出第④部分的矩形框作为内部图形的范围区域。执行【渐变工具】命令，在【属性】面板-【外观】中设置渐变颜色，调整渐变位置，描边颜色为无，如图 2-23 所示。

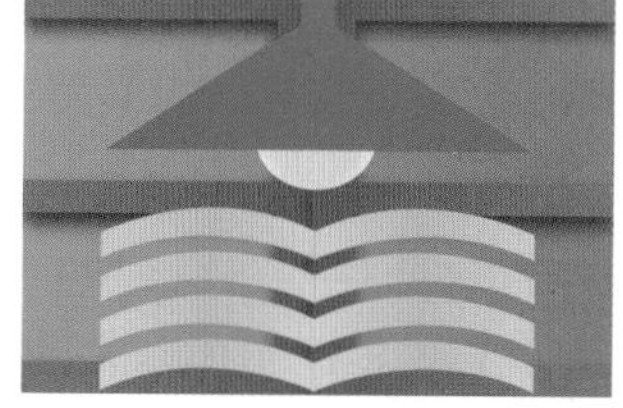
图 2-22

（2）绘制人物与笔，执行【矩形工具】【椭圆工具】【钢笔工具】命令，通过【对齐】【复制】【调整曲线】【路径查找器－相加】命令，绘制出人物与笔的轮廓造型。执行【颜色工具】和【渐变工具】命令填充颜色（这里的 CMYK 颜色数值根据色相自行调试），同时描边颜色设置为无。点选需要添加阴影的图形，执行【属性】－【外观】－【fx】－【投影】命令（阴影参数根据效果自定义），其目的是增加图形之间的层次，如图 2-24 所示。

（3）全部选择图形进行群组，执行【剪切】命令，点选上一步的矩形背景框架完成【贴入内部】命令操作，如图 2-25 所示。

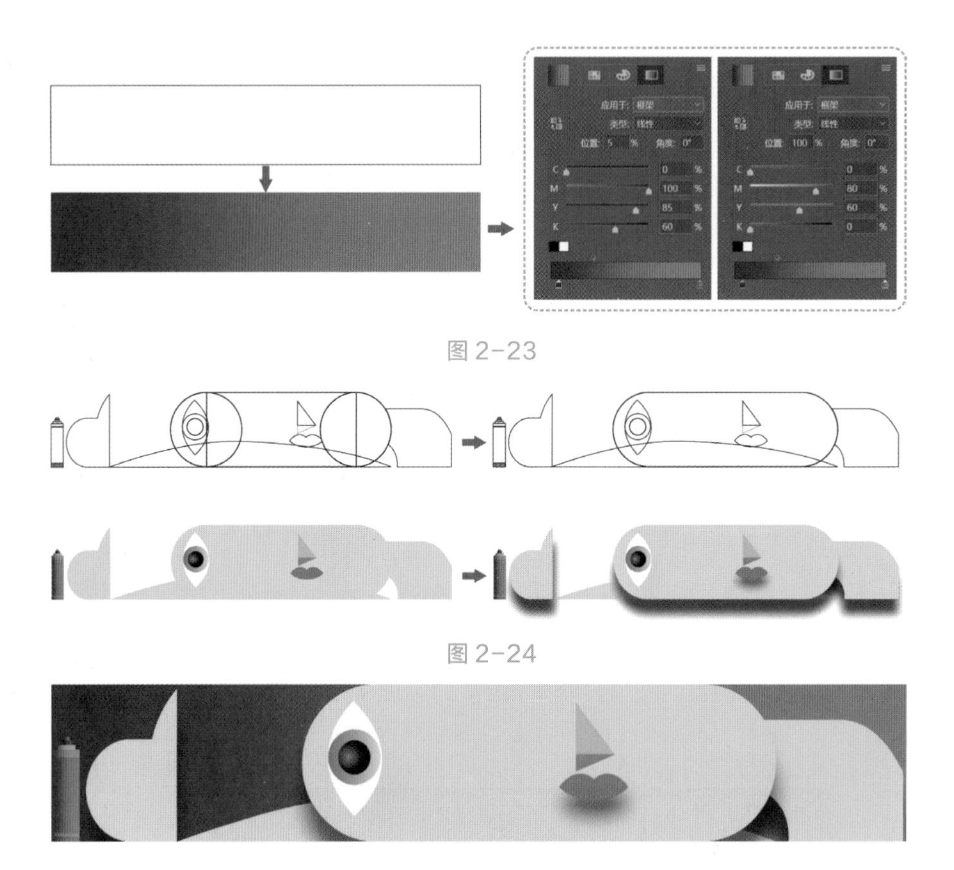

图 2-23

图 2-24

图 2-25

6. 绘制第⑤部分

（1）绘制背景，执行【矩形工具】命令，沿着页面边缘和参考线画出第⑤部分的矩形框作为内部图形的范围区域。执行【渐变工具】命令，在【属性】面板－【外观】中设置渐变颜色，调整渐变位置，描边颜色为无，如图 2-26 所示。

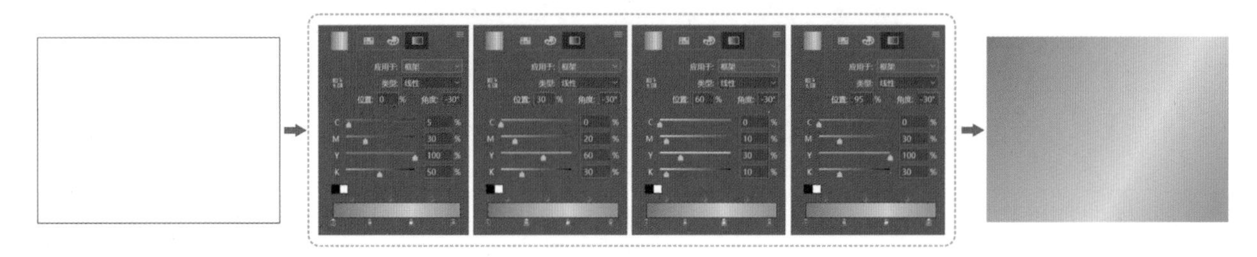

图 2-26

（2）绘制人物下肢，执行【矩形工具】命令，通过【对齐】【复制】【圆角】命令绘制出人物下肢基本形。执行【属性】－【路径查找器】－【相加】和【减去】命令完成下肢轮廓造型。执行【颜色工具】命令进行颜色填充（此处的颜色可以根据色相自定义调试），同时描边颜色设置为无，如图 2-27 所示。

（3）绘制椅子，执行【椭圆工具】【钢笔工具】命令，通过对齐、复制，绘制出椅子轮廓造型。执行【颜色工具】命令进行颜色填充（此处的颜色可以根据色相自定义调试），如图 2-28 所示。

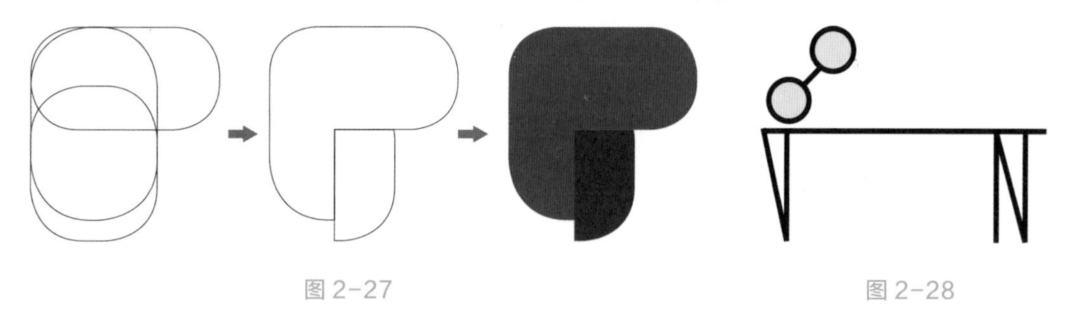

图 2-27　　图 2-28

（4）执行【菜单】-【对象】-【排列】-【置于顶层】/【置为底层】命令（快捷键为 Ctrl+Shift+]/Ctrl+Shift+[）调整下肢的前后关系。全部选择图形进行群组，执行【剪切】命令，点选本部分第一步的矩形背景框架完成【贴入内部】命令操作，如图 2-29 所示。

7. 整合图标

（1）通过吸附对齐命令，将第①、②、③、④、⑤部分内容放在相应的位置进行群组，执行【矩形工具】命令，画出一个 100 毫米 ×100 毫米，圆角为 2 毫米正方形，并通过剪切、贴入内部命令放入正方形的框架中，框架描边颜色设置为无。再用【矩形工具】沿着参考线画出分割线，最终效果如图 2-30 所示。

（2）执行【菜单】-【保存】命令（快捷键 Ctrl+S），保存为图形设计 .indd 电子文件。

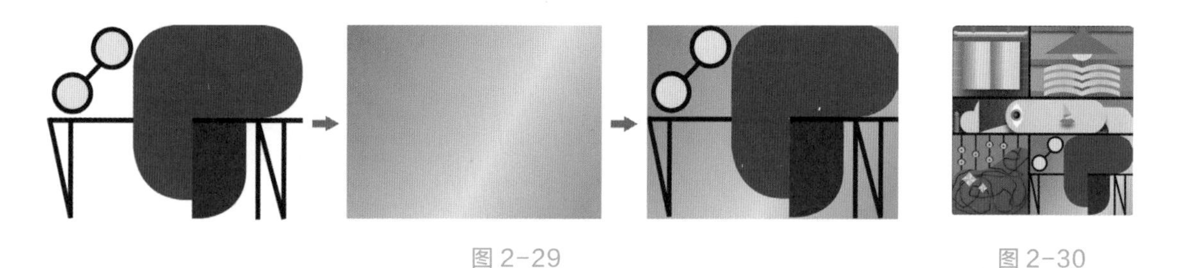

图 2-29　　图 2-30

三、学习任务小结

通过本次任务的学习，同学们基本掌握了运用 Adobe InDesign CC 2019 软件将图形设计草稿制作成标准规范的图形的方法和步骤。课后，希望大家认真完成拓展任务，举一反三，巩固本节课所学的知识和技能，提升图形设计与制作的综合能力。

四、课后作业

请各位同学按照课堂案例实训的步骤，完成图形设计与制作的任务训练。要求如下：

（1）制图标准、规范，富有美感，画面效果与设计草稿一致；

（2）CMYK 数值运用正确，图形均为矢量图；

（3）提交作业时包含图形设计源文件（包括链接素材图片）和 JPEG 文件。

五、课后任务拓展

参照本次任务的组织形式，设计一个与本节课知识点相关的实例，在设计与制作上有一定难度。

海报设计

教学目标

（1）专业能力：能根据任务要求，进行宣传海报设计与制作任务的分析。能运用 Adobe InDesign CC 2019 软件将宣传海报设计样稿制作成规范的印前输出电子文件。

（2）社会能力：能在宣传海报设计与制作的过程中精益求精，认真细致，讲究工匠精神。

（3）方法能力：能收集相关宣传类海报案例资料，对宣传海报设计的案例归纳分析，吸收借鉴。课堂上小组活动主动承担责任，相互帮助。课后在专业技能上主动多实践。

学习目标

（1）知识目标：掌握运用 Adobe InDesign CC 2019 软件制作宣传海报的方法和步骤。

（2）技能目标：能进行宣传海报设计与制作任务的分析，并结合设计创意运用 Adobe InDesign CC 2019 软件制作出精美的宣传海报。

（3）素质目标：具备创意思维能力和艺术表现能力，同时能大胆、清晰地讲解自己的作品，具备团队协作能力和语言表达能力。

教学建议

1. 教师活动

（1）教师引入本次学习任务情境，示范运用 Adobe InDesign CC 2019 软件制作宣传海报的方法和步骤。

（2）教师需要在学生进行宣传海报设计与制作训练过程中，引导学生对宣传海报进行细节的观察与分析，体会 Adobe InDesign CC 2019 软件中的工具与命令操作方法与技巧。

（3）教师引导学生举一反三，综合运用 Adobe InDesign CC 2019 软件中的工具与命令进行不同案例海报编排设计与制作的训练。

2. 学生活动

（1）根据教师给出的宣传海报设计与制作的学习任务，学生认真聆听、观察教师对宣传海报案例的演示操作，同时记录操作方法与技巧。

（2）学生在宣传海报设计与制作训练过程中，能够逐步掌握宣传海报设计的制作方法与技巧，利用 Adobe InDesign CC 2019 软件的工具和命令将宣传海报制作成规范的印前输出电子文件，并与教师进行良好的互动和沟通。同时，能够举一反三，运用本次课的宣传海报设计方法与制作技巧进行不同的操作实训。

一、学习问题导入

各位同学，大家好！根据客户需求，我们目前已经完成收集相关资料、方案拟定、宣传海报设计样稿、客户确稿四个阶段的学习任务。我们先看下这张夏天泳池宣传海报确稿后的设计样稿，如图 2-31 所示。接下来我们将利用 Adobe InDesign CC 2019 软件完成这张宣传海报规范的印前输出电子文件的制作。

图 2-31

二、学习任务讲解

学生通过案例的绘制学习，熟练掌握选择工具、直接选择工具、矩形工具、椭圆工具、钢笔工具、矩形框架工具、渐变工具、自由变换工具、吸管工具、直接复制命令、变换命令、排列命令、效果命令、群组命令、属性面板等的使用方法与技巧。

1. 新建页面

（1）新建页面。

执行【菜单】-【文件】-【文档】命令（快捷键 Ctrl+N），新建一个 420 毫米 ×285 毫米的页面，出血线为 3 毫米，上下左右边距为 0 毫米，如图 2-32 所示。

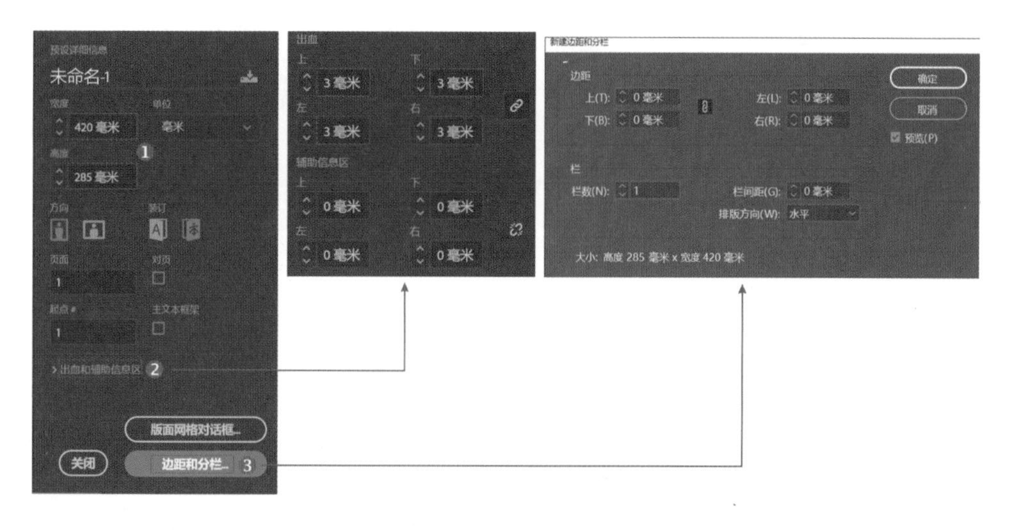

图 2-32

（2）辅助设置。

参照“项目二 学习任务一”的辅助设置。

（3）印前准备要求。

首先，检查提供的素材图片的分辨率应该在 300dpi 以上，图片大小应该在 25Mb 以上，图片的格式应为透明底的 PSD（此格式在 ID 中显示为透明底状态）或 TIFF 格式，尽量不要选用 JPEG 格式（如果 JPEG 格式图片大小在 25Mb 以上，可以通过 PS 软件另存为 PSD 或 TIFF 格式使用）。另外灰度模式的 TIFF 格式的位图可以在 ID 中修改颜色。

其次，矢量图的颜色应该用 CMYK 模式，黑色字体不要使用套版黑色，应该选用单色黑色。

最后，制作完成后在状态栏中查看数码发布有无错误。如果有错误，会有提示几处错误，可以打开印前检查面板逐一检查并修改。

2. 底图设计与制作

（1）执行【矩形框架工具】命令，沿着页边画出矩形框架，此时矩形框架吸附贴齐在页边，尺寸为 426 毫米 ×291 毫米（若这个尺寸有偏差，可以通过【属性】-【框架】-【变换】命令调整宽（W）和高（H）的数值，参考点坐标应该是（X=-3,Y=-3），保证框架居中在页面中心）。在框架选择的状态下，将“草地”素材拖入框架中，或执行【菜单】-【文件】-【导入】命令（快捷键为 Ctrl+D）。若移动框架中的图片，就用鼠标左键点选“同心圆”图标；若调整框架中图片的大小，用鼠标左键双击图片可以进行等比例缩放，此时要同时按住 Shift 键，如图 2-33 所示。

（2）执行【钢笔工具】命令，绘制泳池的轮廓造型（此处注意钢笔绘制的异形路径也可以作为框架使用），通过【复制】命令完成泳池轮廓。在框架选择的状态下，将“水纹 1”“水纹 3”素材分别拖入相应的框架中，调整图片位置与大小，并对齐到页面边缘，设置描边为无，执行【群组】命令，如图 2-34 所示。

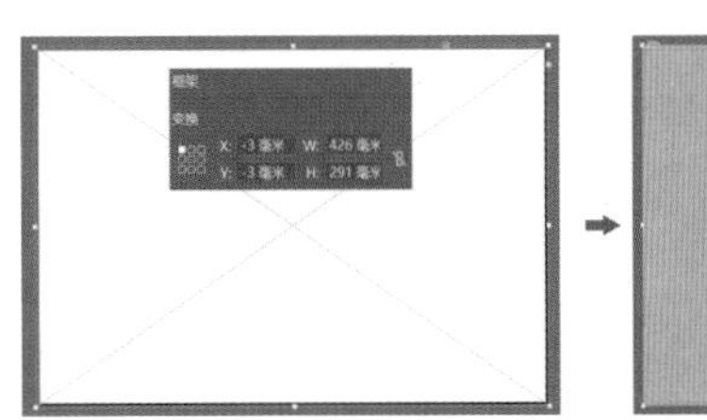

图 2-33

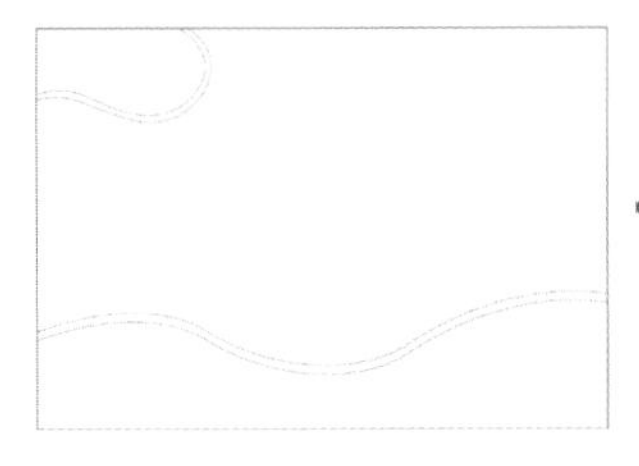

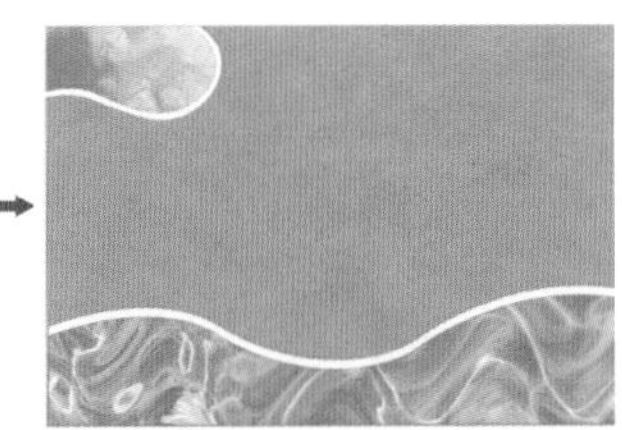

图 2-34

（3）执行【导入】命令，添加绿色植物与太阳伞素材。双击鼠标选择某个框架内的图片素材执行【菜单】-【效果】-【投影】命令（或【属性】面板 -【外观】-【fx】-【投影】命令）增加素材之间的层次感，投影参数可根据效果自行设置，然后选择另一个图框内的图片素材执行【吸管工具】命令，复制投影属性，，如图 2-35 所示。

（4）同样执行【导入】命令，添加上下页边装饰素材，调整装饰素材的宽度为 426 毫米，同时把【约束宽度和高度的比例】按钮打开，通过【对齐】命令进行对齐页边。将鼠标点击到非编辑区执行【属性】-【文档】-【边距】命令，调整上下左右边距为 10 毫米，然后用【矩形工具】执行【吸附对齐边距线】命令画出矩形框作为装饰边框，描边颜色为纸色，粗细为 6 点，线形为实底，不透明度为 80%。继续调整边距为 15mm，同样方法画出第二个虚线装饰边框，描边颜色为纸色，粗细为 6 点，线形为虚线，不透明度为 80%。再次执行【导入】命令，导入该企业 logo，通过添加【fx】-【投影】和【内阴影】来增加该 logo 立体浮雕效果，垂直居中对齐后，执行【群组】命令，如图你 -36 所示

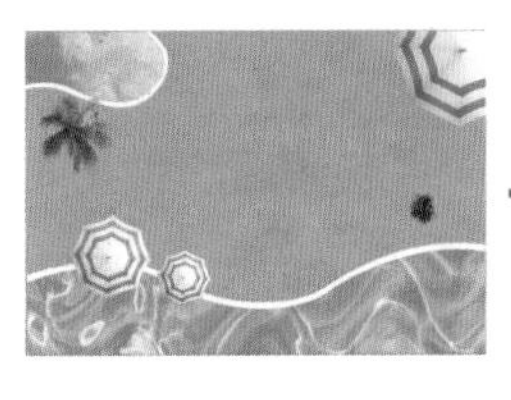
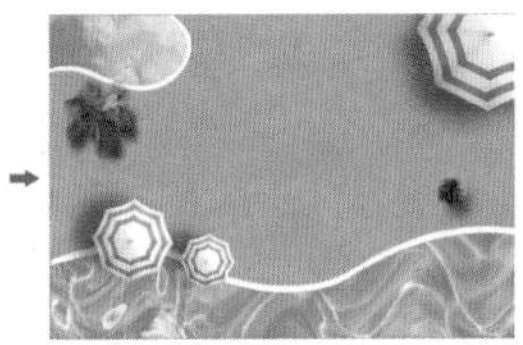

图 2-35

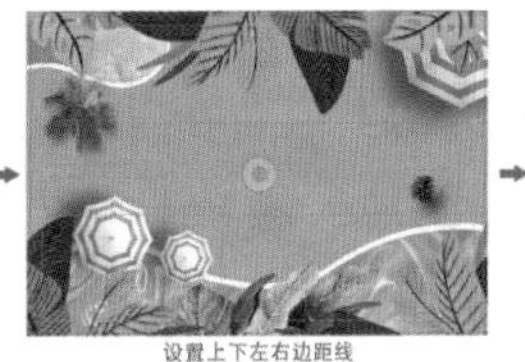

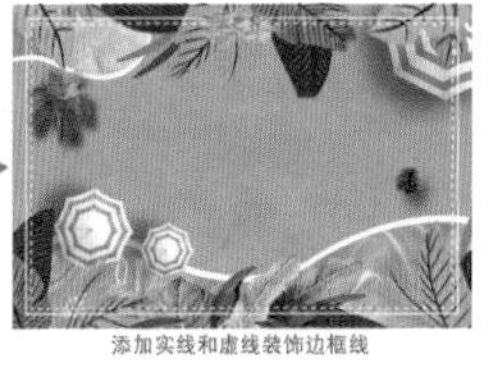

图 2-36

注意：底图的合成应尽量在 Photoshop 下进行，因为 Adobe InDesign CC 2019 中导入大量图片素材编辑时会出现误删除丢失的问题，加载图片的过程会影响电脑刷新速度，同时也会造成素材之间不易被选择，操作困难。

3. 主题字设计与制作

（1）整个主题字的结构笔画都是由矩形和图形构成的，用矩形工具画出一个矩形与圆形进行拼接，描边粗细自定义（注意根据自己所画的矩形和圆的大小比例确定描边的粗细，描边太粗或太细会影响字体结构设计的美观）。复制多个矩形和圆，通过【对齐】命令完成主题字的轮廓造型，如图 2-37 所示。

（2）执行【属性】-【路径查找器】-【减去】和【相加】命令进行调整，使字体形成独立的个体，如图 2-38

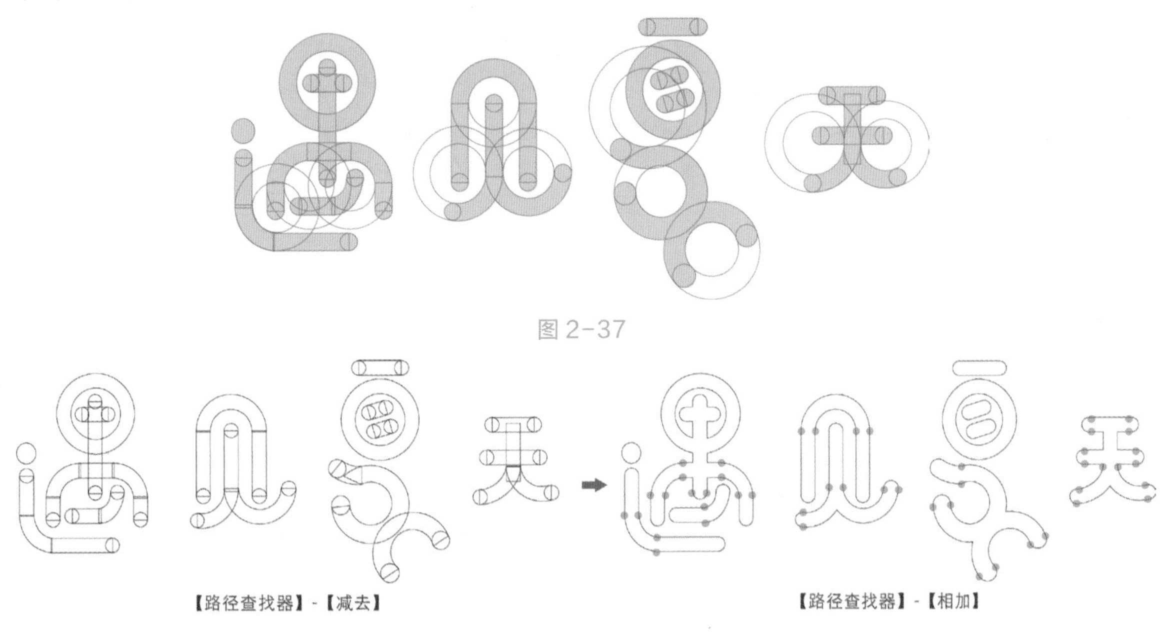

图 2-37

图 2-38

所示。

（3）执行【钢笔工具】的【添加锚点工具】、【删除锚点工具】命令，同时执行【平滑工具】命令，进行配合，来调整上一步中红色部分路径的曲度。执行【文字工具】命令，输入英文单词“SUMMER”（注意使用文字工具应该在编辑区域对角线画出文本框方可输入文字，用鼠标左键点击编辑区域不能输入文字），字体类型为粗圆简体，字体大小根据比例关系设置（注意文字大小调整可以先双击文本框右下角的缩放点使得文本框符合文字内容，然后执行【自由变换工具】命令，使用【选择工具】只能缩放文本框大小，不能缩放字体），点选英文执行【菜单】-【文字】-【创建轮廓】命令（快捷键为 Ctrl+Shift+O），将文字转为轮廓，调整各个字体的位置关系，并执行【群组】命令，将文字群组为一体，如图 2-39 所示。

（4）执行【复制】命令（或按住 Alt 键拖动鼠标左键），复制两个字体，进行文字效果制作，设置上层字体颜色（C=25 M=0 Y=0 K=0），描边颜色为无。中层字体颜色与描边为纸色，描边粗细为 6 点，且圆角连接。设置下层字体颜色与描边（C=100 M=75 Y=2 K=0），描边粗细为 18 点，且圆角连接。执行【对

图 2-39

上层文字效果

中层文字效果

下层文字效果

对齐后文字最终效果

图 2-40

齐】命令，进行水平与垂直居中对齐，如图 2-40 所示。

（5）通过【导入】命令，导入“游泳圈”“拖鞋”相关的游泳素材图片，增加主标题的视觉吸引力。通过【钢笔工具】画出水纹曲线（注水纹曲线的粗细和描边颜色可自定义），突出该宣传海报的设计意图，如图 2-41 所示。

图 2-41

4. 其他文字编排设计与制作

（1）首先字体类型尽量保持在三种以内，字体类型太多，不能突出重点文字。执行【文字工具】命令将文字粘贴到非编辑区内，根据版面需要选择文字类型。重点宣传的文字内容可以通过添加图形或放大来进行强调，如图 2-42 所示。

夏日尊享清凉水上世界　字体类型：粗黑宋简体

梦幻水上乐园隆重开业优惠活动　字体类型：细黑

原票价 200 元，亲子票套餐价额统一售价 85 元　字体类型：细黑，重点文字：特粗黑

集嬉水、游玩、游泳培训、餐饮娱乐、休憩等多功能娱乐休闲场所，“全客群、全龄层、全天候”的消费群体到此体验一站式快乐消费。 Set leisure, swimming, training, dining and entertainment, recreation and other leisure and entertainment venues, "all customers,all ages, all-weather" consumer groups to experience this one-stop happy consu mption.　字体类型：细黑

广州某某漂流体验馆　字体类型：细黑

GUANGZHOU MOUMOU DRIFTING EXPERIENCE MUSEUM　字体类型：Times New Roman

咨询热线：020-88888888　重点文字：特粗黑

活动地址：广州市荔湾区未来路口交接幸福巷拐角处前 520 号　字体类型：细黑

图 2-42

（2）根据整体画面进行文字配色（颜色在此不做展开讲解），调整字距、行间距，执行【群组】命令进行群组，如图 2-43 所示。

图 2-43

5. 版面编排整合

（1）通过【对齐页面】命令，让文字组居于页面中心，重心偏下，以符合人们阅读文字的习惯，反复调整素材和文字位置，最后全部群组后，检查页面尺寸是否为 426 毫米 ×291 毫米。若有偏差，可以检查素材图片是否跑出画面页边，通过【对齐页面】命令调整，或者画一个与页面尺寸一样的框架矩形，将群组画面直接贴入框架。最终效果如图 2-44 所示。

（2）执行【状态栏】-【数码发布】命令，检查有无错误。若有错误可以单击“印前检查面板”查找错误，并修改产生错误的地方；若无错误，直接在版面的四个页角出血线位置放置四个对角线，通过【直线工具】画出来（其用途用来套准对齐四色菲林，在裁剪时有准确定位的作用），角线标准长度为 3 毫米，颜色为套版色，粗细为 0.25 点，如图 2-45 所示。

图 2-44

图 2-45

（3）执行【菜单】-【保存】命令（快捷键 Ctrl+S），保存为“遇见夏天”宣传海报设计 .indd，最终完成整个印刷前的准备工作流程。下一步工作是将电子文件发至照排输出中心进行四色菲林输出并打样。

三、学习任务小结

通过本次任务的学习，同学们基本掌握了运用 Adobe InDesign CC 2019 软件制作宣传海报的方法和步骤。并能在宣传海报设计与制作的过程中精益求精，认真细致。课后，希望大家认真完成拓展任务，举一反三，巩固本节课所学的知识和技能，提升宣传海报设计与制作的综合能力。

四、作业布置

请各位同学按照课堂案例实训的步骤，完成“遇见夏天”宣传海报设计与制作的任务训练。要求如下：

（1）主题突出，宣传信息传达准确；

（2）自拟广告语、广告文案；

（3）构思具有创意，色彩表达准确、美观，符合宣传海报的特点，勇于突破常规，大胆创新，设计具有视觉冲击力；

（4）提交作业时包含宣传海报设计源文件和链接素材图片及导出 JPEG 文件。

五、课后任务拓展

参照本次任务实施的组织形式，设计一个与本节课知识点相关联的实例，在设计与制作上有一定难度。

项目三
版式编排实训

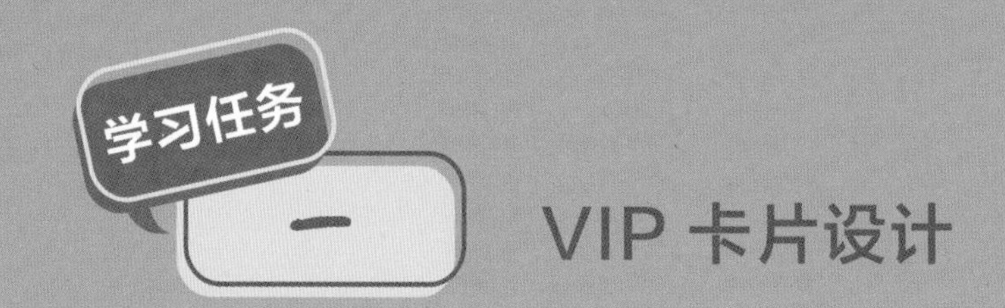

VIP 卡片设计

教学目标

（1）专业能力：了解 Adobe InDesign CC 2019 软件中的文本编辑功能，以及 VIP 卡片设计的内容基本要求和设计步骤。

（2）社会能力：了解 VIP 卡片不同设计风格和用途，并能自主设计各种相关卡片。

（3）方法能力：VIP 卡片设计实践操作能力、资料整理和归纳能力，沟通和表达能力。

学习目标

（1）知识目标：了解 Adobe InDesign CC 2019 软件中的编辑文本功能，掌握 VIP 卡片设计的相关知识。

（2）技能目标：能熟练使用 Adobe InDesign CC 2019 软件的文本和素材置入技巧、文本编辑功能进行 VIP 卡片设计与制作。

（3）素质目标：通过使用 Adobe InDesign CC 2019 软件设计 VIP 卡片及欣赏各类卡片设计，领略不同的设计风格，培养艺术情感。

教学建议

1. 教师活动

（1）教师讲解 VIP 卡片设计要点，提高学生对 VIP 卡片设计的认知。同时，运用多媒体课件、示范操作等多种教学手段，讲解文本框的编辑功能、置入素材和文本的技巧、字符面板设置方法，并分析 VIP 卡片的设计要点，指导学生运用软件进行 VIP 卡片制作。

（2）将 VIP 卡片设计融入课题，指导学生运用 Adobe InDesign CC 2019 软件进行 VIP 卡片设计与制作。

2. 学生活动

（1）认真看老师示范运用 Adobe InDesign CC 2019 软件制作 VIP 卡片的方法和步骤。

（2）学生对绘制的 VIP 卡片进行互评，分组进行现场展示和讲解如何运用 InDesign 软件进行 VIP 卡片制作，训练语言表达能力和沟通协调能力。

（3）学生结合不同类型 VIP 卡片设计要点，积极参与课堂讨论，激发自主学习能力。

一、学习问题导入

各位同学，大家好！本次课我们一起来学习如何运用 Adobe InDesign CC 2019 软件进行 VIP 卡片设计。Adobe InDesign CC 2019 软件获取文字的方法很多，可以直接在页面上输入文字，也可以复制粘贴文字到页面中，还可以从其他软件中录入文字之后置入页面中。同学们掌握编辑文本功能后，可以为以后在运用 Adobe InDesign CC 2019 软件处理文字时寻找更便捷有效的方法。

二、学习任务讲解与技能实训

（一）案例知识要点

1. 了解文本框

在 Adobe InDesign CC 2019 软件中创建文字必须要先创建文本框，文本框是装载文字的容器，选择【文字工具】后，在页面中按住鼠标左键并拖曳到合适位置释放鼠标得到的线框称为“文本框”。每个文本框都有八个控制点和两个端口，控制点用来调节文本框大小和形状，端口分为入口和出口，分别表示文本的开头和结尾。

文本框完全容纳文本时，结尾端口显示白色空格；若文本框只容纳了部分文本，因有溢出文本，文本框的结尾端口就会变成红色十字，如图 3-1 所示。

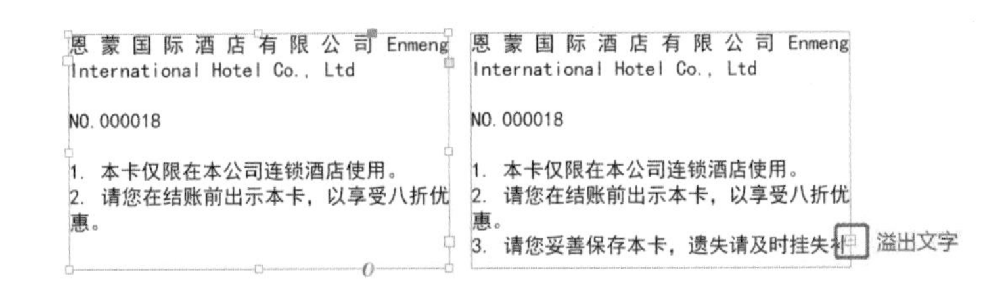

图 3-1

2. 获取文字

（1）输入文字。

在工具箱中选择【文字工具】 T，在页面中按住鼠标左键并拖曳到合适位置后释放鼠标，输入文字后可得到横排（水平方向）文字，如图 3-2 所示。

（2）直排文字。

使用鼠标点击工具箱中的【文字工具】T，长按鼠标左键，在弹出的菜单中选择【直排文字工具】选项 IT，在页面中按住鼠标左键并拖曳到合适位置后释放鼠标，输入文字，即可得到直排（垂直方向）文字，如图3-3所示。

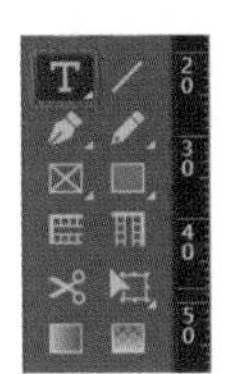

图 3-2

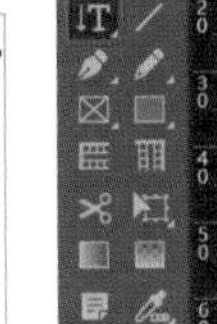

图 3-3

使用文字工具创建水平方向文字后，如果想让其变成垂直方向的文字，可选中文本框或文字，选择菜单栏【文字】-【排版方向】-【垂直】命令。而将垂直方向的文字变成水平方向的文字，可选择菜单栏【文字】-【排版方向】-【水平】命令。

（3）路径文字。

使用【图形工具】或【钢笔工具】创建一条路径后，选择【路径文字工具】，点击鼠标左键在路径上建立文字路径，输入文字后可得到路径文字，如图 3-4 所示。

（4）置入文字。

选择菜单栏【文件】-【置入】（快捷键 Ctrl+D）命令，弹出【置入】对话框，然后在文件列表中单击需要置入的文字，点击【打开】按钮。当光标变成文字缩略图时，在页面空白处点击鼠标左键，即可置入文字，如图 3-5 所示。

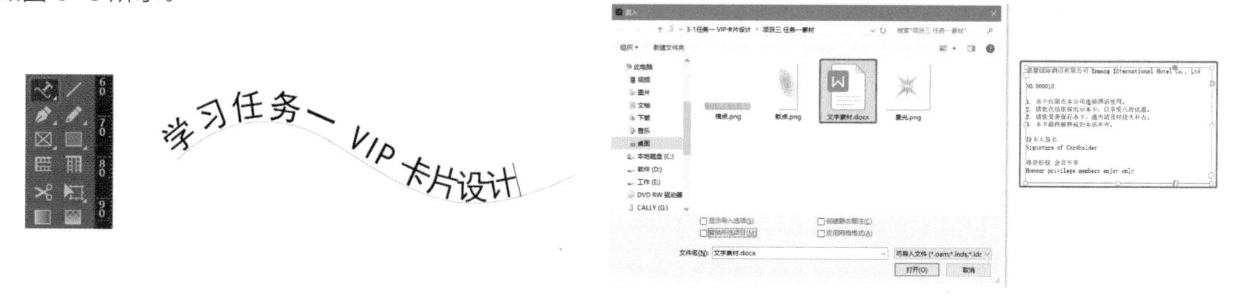

图 3-4　　　　图 3-5

在【置入】对话框中选择应用网格格式会让置入文本自带网格；【显示导入选项】中可以选择导入文档的格式，可以【移去文本和表的样式和格式】或【保留文本和表的样式和格式】，导入设置如图 3-6 所示。

3. 字符面板

选择菜单栏【窗口】-【文字和表】-【字符】命令，打开【字符】面板，在字符面板中可设置文字的相关参数和属性，如图 3-7 所示。

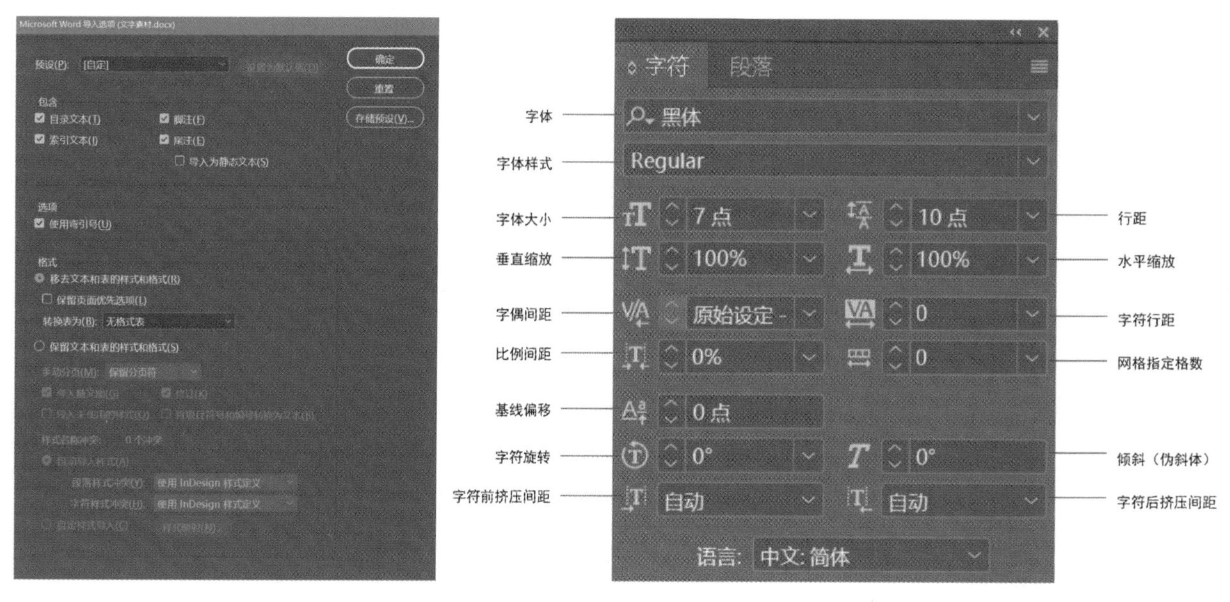

图 3-6　　　　图 3-7

（1）字体。

字体是由一组具有相同粗细、宽度和样式的字符（字母、数字和符号）构成的集合。在 Adobe InDesign CC 2019 中选择工具栏中的文字工具，选中需要设置的文字，在字符面板中可以选择相应的字体。

（2）字号。

字号是指印刷用字的大小，通常所用的字号单位一般是点数制和号数制。在字符面板中设置字号时，可以在字体大小下拉面板中直接选择，也可以直接输入字号大小。

（3）行距。

行距是指文字之间的垂直间距。在字符面板中设置行距时，可以在字体大小下拉面板中直接选择，也可以直接输入行距大小。

（4）字体缩放比例。

字体缩放比例分为水平缩放和垂直缩放，调整文字的缩放比例可以对文字的宽度和高度进行挤压或拉伸。

（5）字偶间距和比例间距。

字偶间距是增大或缩小特定字符之间间距的过程。比例间距是对字符应用比例间距，使字符周围的空间按比例压缩，但文字的垂直和缩放比例保持不变。

（6）字符间距和网格指定格数。

字符间距可以调整相邻字符的间距。

网格指定格数可以对网格字符进行文本调整。

（7）字符旋转和倾斜。

字符旋转可以调整文字的角度，需要选中文字后在“字符旋转”中输入相应数值。字符倾斜可以设置任意文字的倾斜角度。数值为正值时，文字向右倾斜；数值为负值时，文字向左倾斜。

（8）字符前挤压间距和字符后挤压间距。

字符前后挤压间距都是以当前选中的文字为标准，在字符前 / 后插入空格，空格可以是一个全角空格，也可以是 1/2、1/3 全角空格等。

（二）实训任务

案例说明：恩蒙国际酒店有限公司为尊贵客户准备 VIP 卡片，以提高客户的住房体验，从而达到更优的客户管理效果，如图 3-8 所示。

1. 新建文档

选择菜单栏【文件】-【新建】-【文档】，预设详细信息为“VIP 卡片设计”，宽度 86 毫米，高度 54 毫米，方向横向，装订从左到右，页面为 2，取消【对页】，起点为 1，设置完成后单击【边距和分栏】按钮，如图 3-9 所示。

图 3-8

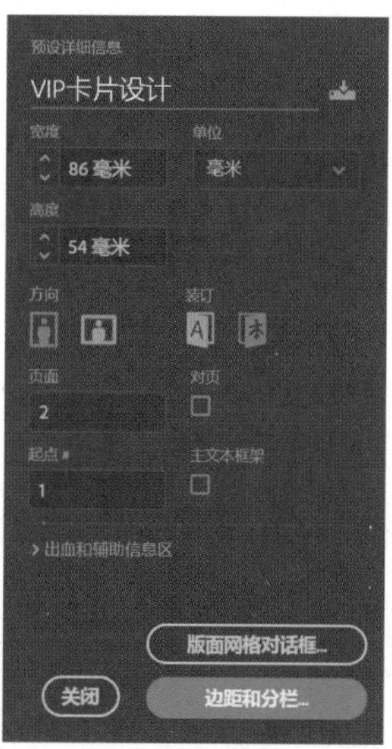

图 3-9

在弹出的【新建边距和分栏】对话框中将边距改为 0 毫米，单击【确定】按钮，创建 VIP 卡片设计文件，如图 3-10 所示。

2. 绘制正面底纹

（1）选择工具箱中的【矩形工具】，沿着文档中的出血线绘制一个矩形，并打开颜色面板为矩形填充黑色（C=0 M=0 Y=0 K=100），如图 3-11 所示。

填色效果如图 3-12 所示。

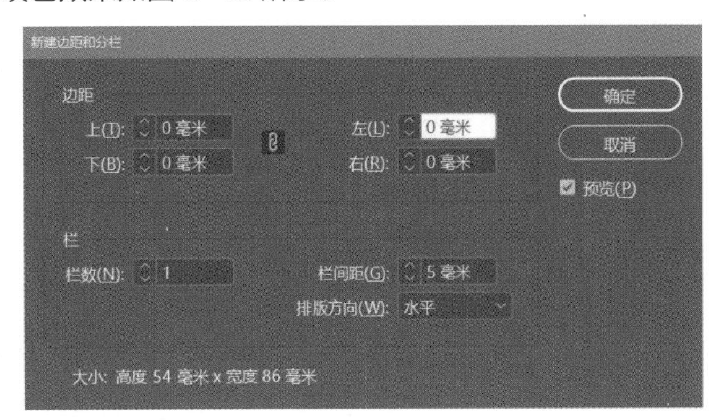

图 3-10

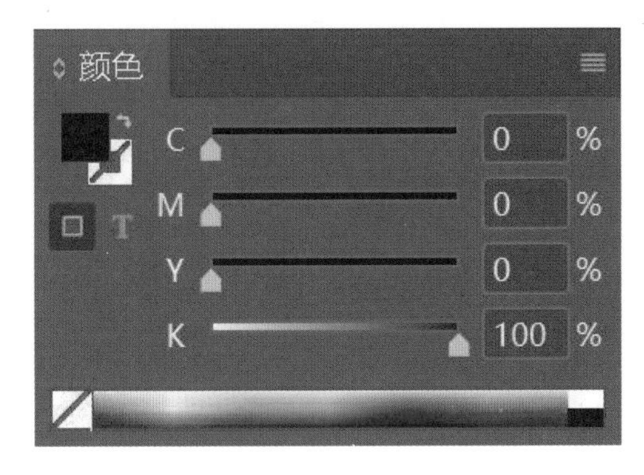

图 3-11

（2）选中矩形后，选择菜单栏【文件】-【置入】命令，置入素材“散点 .png”（本书所用素材仅为示意）文件，双击图形中圆形按钮进入编辑模式，调整散点位置。选择菜单栏【窗口】-【属性】命令，打开【属性】面板，在弹出对话框中将不透明度调整为 50%，如图 3-13 所示 。效果图如图 3-14 所示。

图 3-12

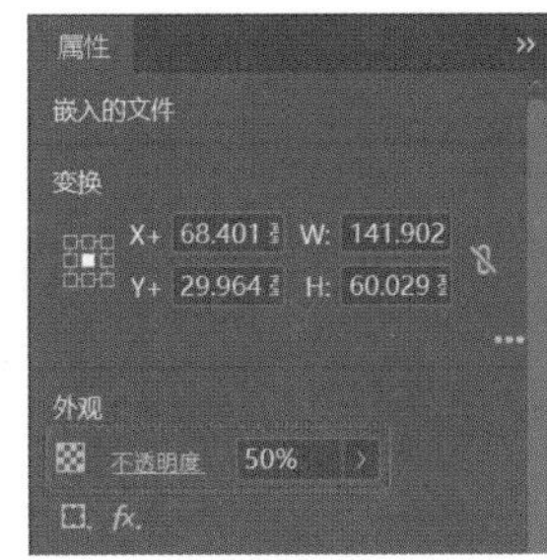

图 3-13

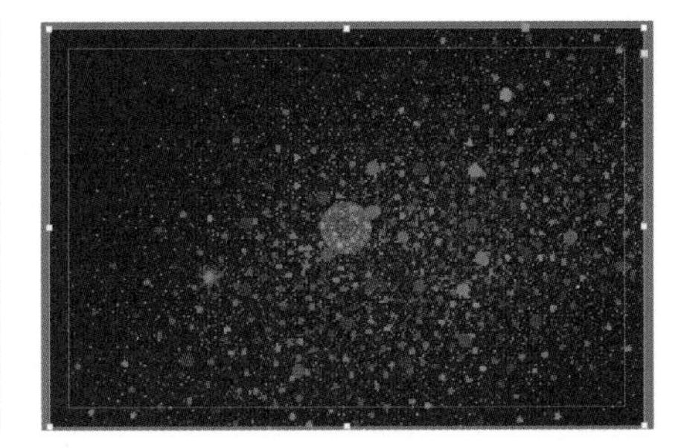

图 3-14

（3）选择工具箱中的【矩形工具】，在页面中间绘制一个宽度为 92 毫米、高度为 16 毫米的矩形，打开颜色面板为矩形填充黑色（C=0 M=0 Y=0 K=100），在属性面板的对齐中选择对齐页面后点击水平居中对齐与垂直居中对齐按钮，效果如图 3-15 所示。

（4）选中矩形后，选择菜单栏【文件】-【置入】命令，置入素材“横点 .png”文件，双击图形中圆形按钮进入编辑模式，按住 Shift 键等比例调整横点位置，使其位于黑色长条矩形中间，完成底纹绘制。效果图如图 3-16 所示。

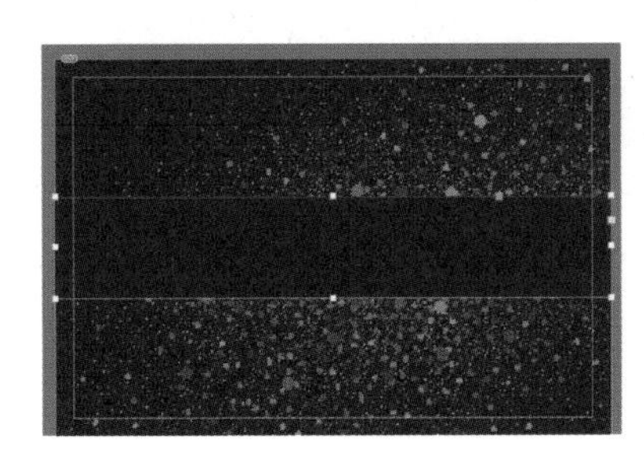

图 3-15

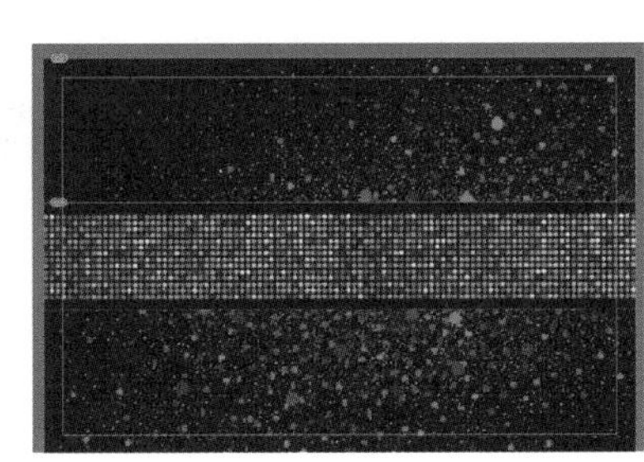

图 3-16

3. 添加标志

选择菜单栏【文件】-【置入】命令，置入素材“标志 .png”文件，在合适的位置按住鼠标拖曳调整到合适的大小后释放鼠标，效果如图 3-17 所示。

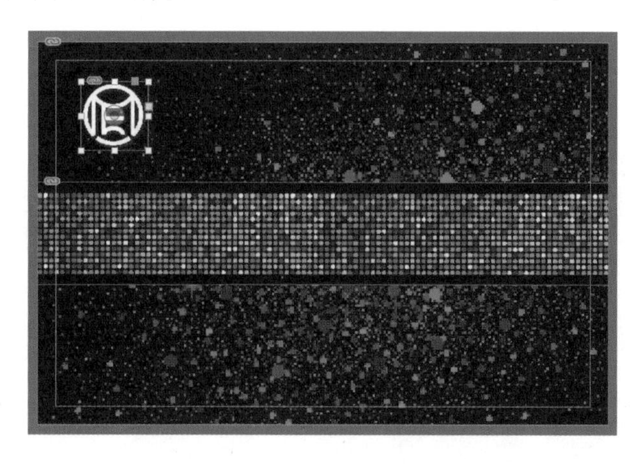

图 3-17

4. 绘制圆形

（1）选择工具箱中的【椭圆工具】，绘制一个 36 毫米 ×36 毫米的正圆形，在渐变面板上设置类型为线性、中点位置为 30%，角度为 135°，填充从灰（C=0 M=0 Y=0 K=85）到黑（C=0 M=0 Y=0 K=100）的渐变色，如图 3-18 所示。

在属性面板中选择对齐页面后，点击水平居中对齐与垂直居中对齐按钮，完成后的效果如图 3-19 所示。

（2）选择工具箱中的【椭圆工具】，绘制一个 34.5 毫米 ×34.5 毫米的正圆，描边无填充色，描边大小为 1pt，颜色为白色，并在属性面板上选择对齐页面后点击水平居中对齐与垂直居中对齐按钮，效果如图 3-20 所示。

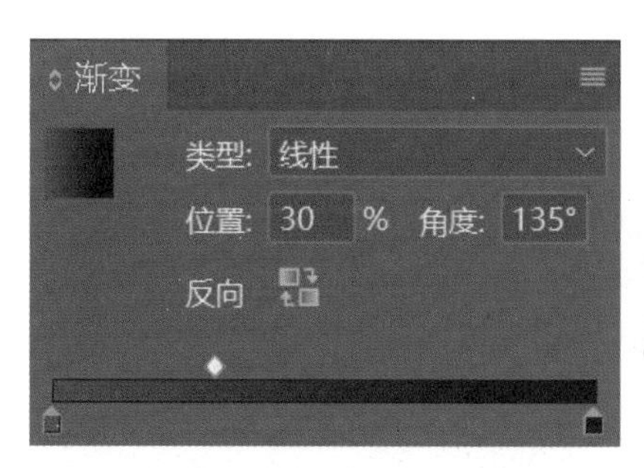

图 3-18

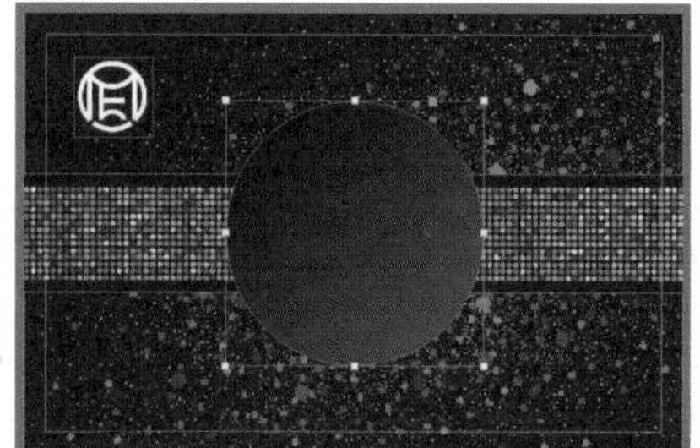

图 3-19

图 3-20

5. 添加正面文字

（1）添加路径文字。

选择工具箱中的【椭圆工具】，绘制一个 27 毫米 ×27 毫米的正圆形，无描边，无填充。

打开“文字素材 .docx”文件，选中“恩蒙国际酒店有限公司 Enmeng International Hotel Co., Ltd”文字，按 Ctrl+C 复制文字后返回 InDesign 软件，选择工具箱中的【路径文字工具】在正圆形边缘点击一下建立路径文字后，打开字符面板，选择字体为黑体，字号为 8 点，如图 3-21 所示。

在颜色面板上选择颜色为白色（C=0 M=0 Y=0 K=0），按 Ctrl+V 键粘贴文字。完成后使用【选择工具】在文字开头的起止端上拖动文字，使文字左右对齐，效果如图 3-22 所示。

（2）添加渐变文字。

选择工具箱中的【文字工具】，在圆形中间框选出文本框后，在字符面板上选择字体为 Arial，字体样式为 Black，字号为 36 点，输入文字“VIP”，字符设置如图 3-23 所示。

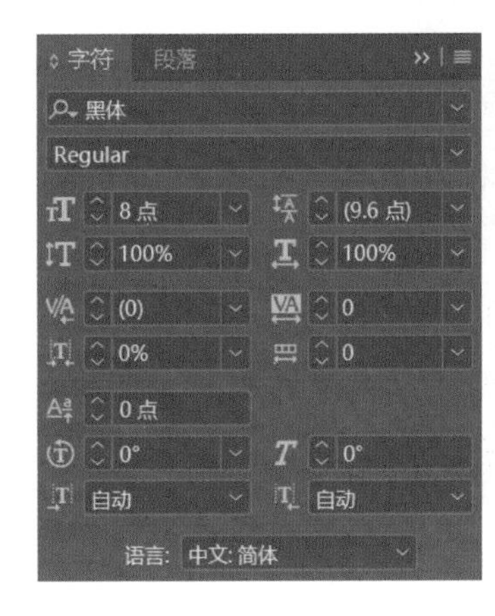

图 3-21

图 3-22

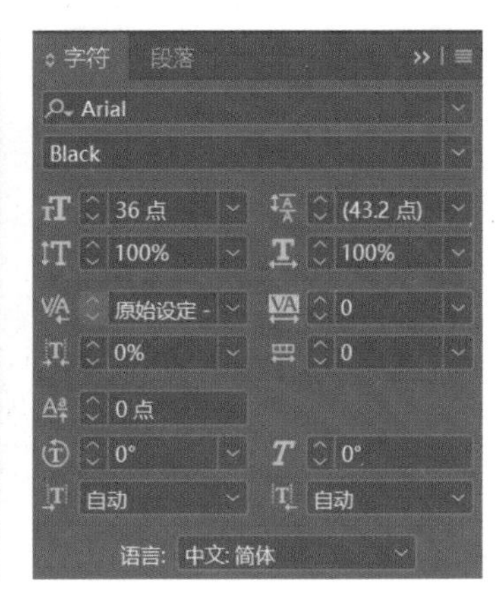

图 3-23

全选“VIP”三个字后，打开渐变面板，选择渐变类型为线性，角度为 -90°，填充渐变色，点击下方油漆桶，在位置 0% 填充颜色（C=21 M=30 Y=52 K=7）；位置 15% 填充颜色（C=2 M=10 Y=18 K=0）；位置 30% 填充颜色（C=2 M=0 Y=7 K=0）；位置 40% 填充颜色（C=2 M=10 Y=42 K=0）；位置 56% 填充颜色（C=48 M=59 Y=70 K=50）；位置 78% 填充颜色（C=9 M=23 Y=49 K=0）；位置 100% 填充颜色（C=22 M=30 Y=52 K=7）。打开色板面板，点击【新建】按钮保存渐变色，命名为“金色渐变”。打开描边面板，选择描边粗细为 0.75 点；在颜色面板上设置描边颜色（C=5 M=10 Y=50 K=0）。渐变面板如图 3-24 所示。效果如图 3-25 所示。

（3）添加编号。

选择工具箱中的【文字工具】，在页面右上方框选出文本框后在字符面板上选择字体为 Arial，字体样式为 Regular，字号为 8 点，在颜色面板上选择颜色为白色，再输入文字“NO.000018”，完成 VIP 卡片正面，效果如图 3-26 所示。

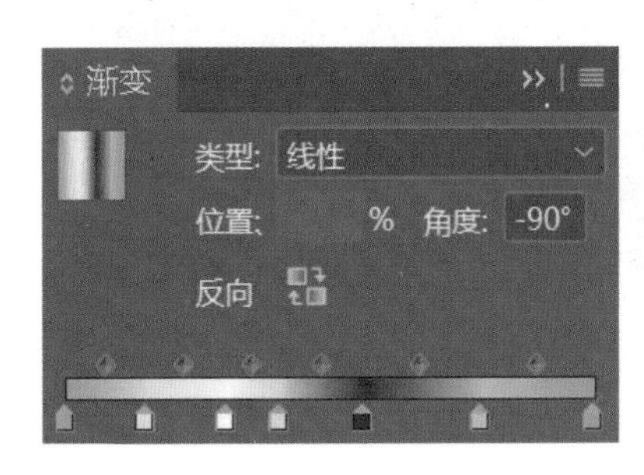

图 3-24

图 3-25

图 3-26

6. 绘制反面底纹

（1）选择工具箱中的【矩形工具】，在页面 2 上沿着文档中的出血线绘制一个矩形，打开渐变面板，选择渐变类型为线性，角度为 -45°。填充渐变色，点击下方油漆桶，在位置 0% 填充颜色（C=0 M=0 Y=0 K=40）；位置 17% 填充颜色（C=0 M=0 Y=0 K=20）；位置 52% 填充颜色（C=0 M=0 Y=0 K=60）；位置 90% 填充颜色 (C=0 M=0 Y=0 K=30)；位置 100% 填充颜色（C=0 M=0 Y=0 K=60）。渐变设置如图 3-27 所示。渐变效果如图 3-28 所示。

（2）选中矩形后，选择菜单栏【文件】-【置入】命令，置入素材“散点 .png”文件，双击图形中圆形按钮进入编辑模式，调整散点位置。

选择菜单栏【窗口】-【属性】命令，打开属性面板，在属性面板的外观中将不透明度调整为 30%，最终效果如图 3-29 所示。

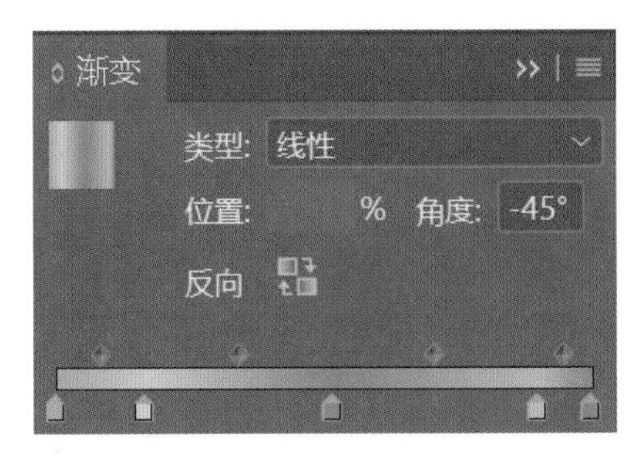

图 3-27

图 3-28

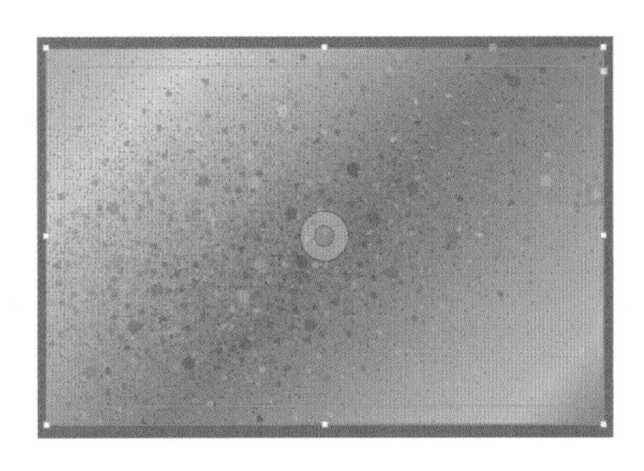

图 3-29

7. 绘制矩形

（1）绘制黑色矩形。

选择工具箱中的矩形工具，在页面中间绘制一个宽度为 92 毫米、高度为 9 毫米的矩形，并打开颜色面板为矩形填充黑色（C=0 M=0 Y=0 K=100），在属性面板上设置变换，X 为 -3 毫米，Y 为 11 毫米，属性栏设置如图 3-30 所示。完成后效果如图 3-31 所示。

（2）绘制签名处。

选择工具箱中的矩形工具，在页面中间绘制一个宽度为 25 毫米、高度为 7 毫米的矩形，并打开颜色面板为矩形填充白色，如图 3-32 所示。

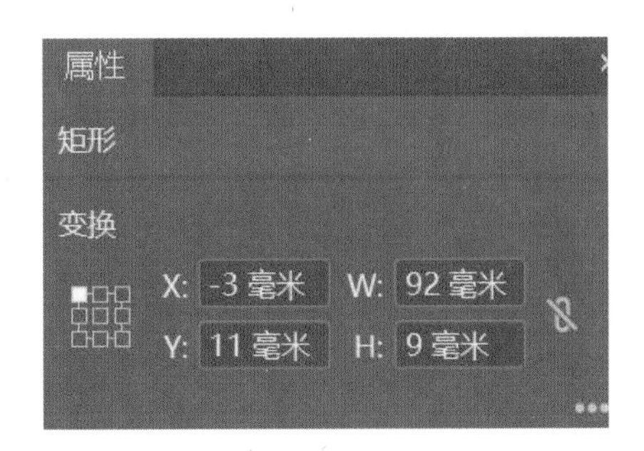

图 3-30

图 3-31

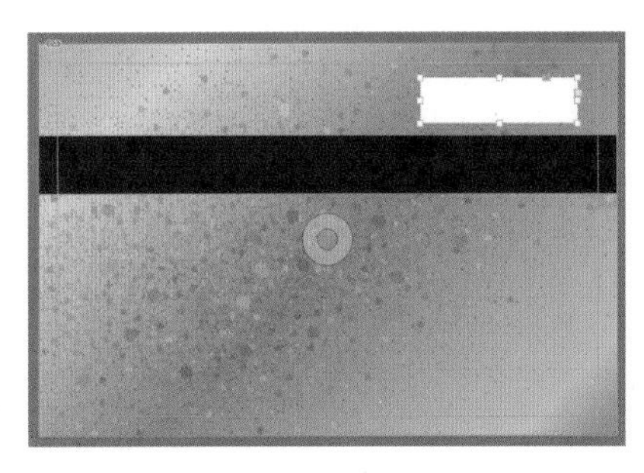

图 3-32

8. 输入反面文字

（1）添加签名文字。

打开“文字素材 .docx”文件，选中“持卡人签名 Signature of Cardholder”文字，按 Ctrl+C 键复制文字，返回 Adobe InDesign CC 2019 软件，选择工具箱中的文字工具在白色矩形左侧方框选出文本框后，在颜色面板上选择颜色为黑色（C=0 M=0 Y=0 K=100），按 Ctrl+V 键粘贴文字。

选中文字“持卡人签名”，在字符面板上选择字体为黑体，字体样式为 Regular，字号为 10 点，字符间距为 200。

选中文字“Signature of Cardholder”，在字符面板上选择字体为Arial，字体样式为Regular，字号为6点，将字符间距调整为 0，文字效果如图 3-33 所示。

（2）添加渐变文字。

打开“文字素材 .docx”文件，选中“尊贵特权 会员专享 Honour privilege members enjoy only”文字，按 Ctrl+C 键复制文字后返回 Adobe InDesign CC 2019 软件，选择工具箱中的文字工具在黑色矩形下方框选出文本框后，按 Ctrl+V 键粘贴文字。

选中文字“尊贵特权 会员专享”，在字符面板上选择字体为黑体，字体样式为 Regular，字号为 16 点。

选中文字“Honour privilege members enjoy only”，在字符面板上选择字体为黑体，字体样式为 Regular，字号为 8 点，如图 3-34 所示。

使用文字工具全选文字，打开色板面板，为文字填充金色渐变，选择工具箱中的【渐变工具】，按住鼠标左键始于文字顶端，终于文字底端，垂直出渐变效果，在渐变面板上调整角度为 -90° ，如图 3-35 所示。

持卡人签名
Signature of Cardholder

图 3-33

尊贵特权 会员专享
Honour privilege members enjoy only

图 3-34

图 3-35

选中文本框，打开属性面板，在属性面板上的字符中将行距调整为 18 点，段落选择“双齐末行居中”；执行菜单栏【文字】-【创建轮廓】命令，将文字创建轮廓后在属性面板中添加投影效果，在效果面板中设置混合模式为正片叠底，不透明度为 90%；位置距离为 0.3 毫米，角度为 135° ，选项大小为 0.2 毫米，扩展和杂色均为 0%，参数如图 3-36 所示。

在属性面板中选择“水平居中对齐”，完成后的效果如图 3-37 所示。

（3）添加解释文字。

打开“文字素材 .docx”文件，选中“1. 本卡仅限在本公司连锁酒店使用。2. 请您在结账前出示本卡，以享受八折优惠。3. 请您妥善保存本卡，遗失请及时挂失补办。4. 本卡最终解释权归本店所有。”文字，按 Ctrl+C 键复制文字后返回 Adobe InDesign CC 2019 软件，选择工具箱中的文字工具在渐变文字下方框选出文本框后，在字符面板上选择字体为黑体，字体样式为 Regular，字号为 7 点，行距为 10 点，在颜色面板上选择颜色为黑色 (C=0 M=0 Y=0 K=100)，按 Ctrl+V 键粘贴文字，【字符】面板设置如图 3-38 所示。

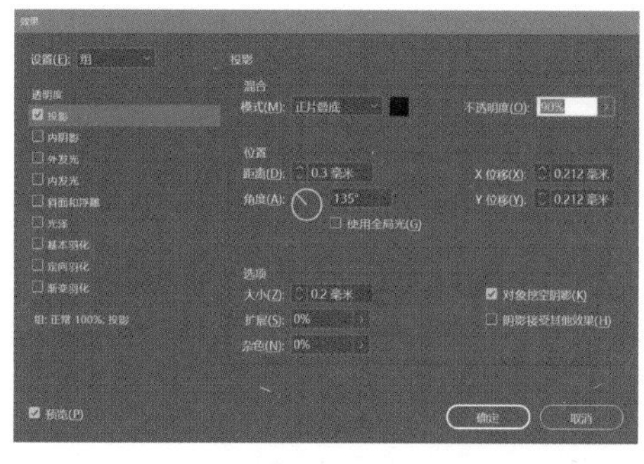

图 3-36

尊贵特权 会员专享
Honour privilege members enjoy only

图 3-37

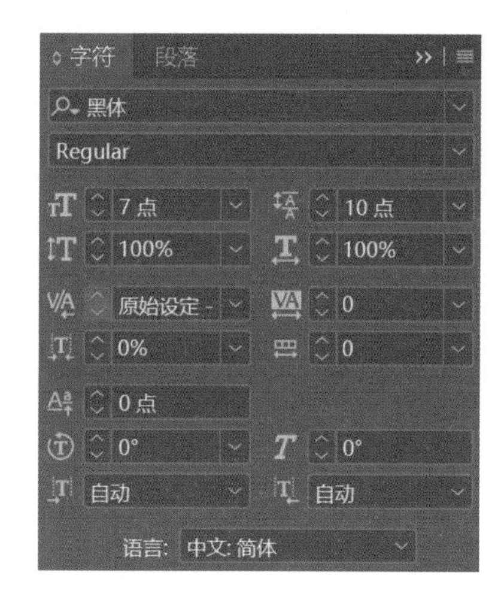

图 3-38

使用文字工具选择所有解释文字后，在属性面板中添加项目符号，点击选项按钮打开项目符号和编号面板，选择名称为“REFERENCE MARK”的项目符号后点击【确定】按钮，完成效果如图 3-39 所示。

9. 存储文件

选择菜单栏【文件】-【存储】命令，在弹出的对话框中选择文件存储位置，单击【保存】按钮，如图 3-40 所示，完成 VIP 卡片设计制作。

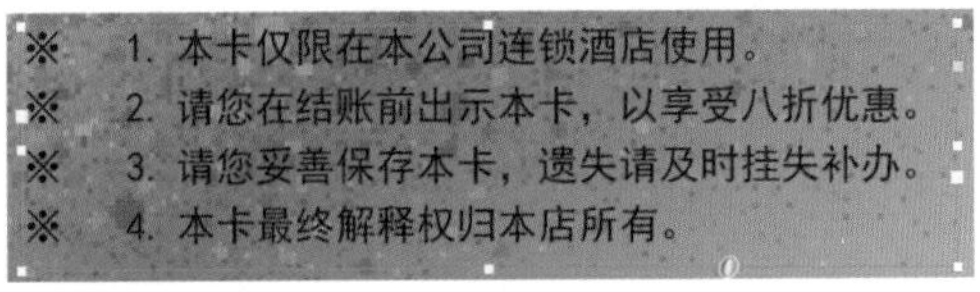

※ 1. 本卡仅限在本公司连锁酒店使用。
※ 2. 请您在结账前出示本卡，以享受八折优惠。
※ 3. 请您妥善保存本卡，遗失请及时挂失补办。
※ 4. 本卡最终解释权归本店所有。

图 3-39

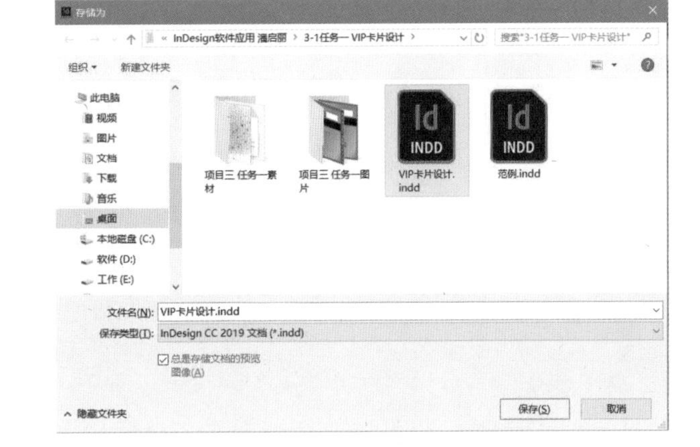

图 3-40

三、学习任务小结

本次任务主要学习了运用 Adobe InDesign CC 2019 软件中的编辑文本功能，完成 VIP 卡片设计与制作。同学们了解了 VIP 卡片设计与制作的基本要求和设计步骤，要针对本次课所讲的技能进行反复练习，掌握其便捷的制作方式，做到熟能生巧，提高利用 Adobe InDesign CC 2019 软件绘制的效率。

四、课后作业

题目：恩蒙国际酒店有限公司 VIP 卡片设计。

要求：

（1）根据 VIP 卡片设计范例的文字素材重新设计恩蒙国际酒店有限公司 VIP 卡片；

（2）卡片尺寸调整为 92 毫米 ×60 毫米；

（3）绘制完成后存储为 InDesign（*.indd）格式，并导出 PDF（*.pdf）格式。

宣传单折页设计

教学目标

（1）专业能力：了解 Adobe InDesign CC 2019 软件中的文字设置功能，了解宣传单折页设计的基本要求、设计步骤和设计因素，并能够按要求设计出宣传单折页。

（2）社会能力：学生能够在 Adobe InDesign CC 2019 软件中完成文字设置（字符样式、段落样式、文本绕排、串接文本框等），加深对宣传单折页设计的认识，欣赏不同的设计风格，提升自身艺术修养。

（3）方法能力：讲解 Adobe InDesign CC 2019 软件中的文字设置功能，再通过文字、图形、色彩的合理搭配，运用绘画、摄影等方法，能使用 Adobe InDesign CC 2019 软件对宣传单折页进行设计。

学习目标

（1）知识目标：了解 Adobe InDesign CC 2019 软件中的文字设置功能，掌握宣传单折页设计的相关知识。

（2）技能目标：能熟练运用 Adobe InDesign CC 2019 软件的文字设置功能设计各种相关宣传单折页。

（3）素质目标：通过使用 Adobe InDesign CC 2019 软件设计宣传单折页及欣赏各类折页设计，领略不同的设计风格，培养艺术情感。

教学建议

1. 教师活动

（1）教师掌握 Adobe InDesign CC 2019 中文字设置的各种功能，收集不同类型的宣传单折页设计案例，采用软件分析及案例讲解的形式提高学生对宣传单折页设计的直观认知。

（2）运用 Adobe InDesign CC 2019 软件示范宣传单折页的制作要点，并指导学生完成宣传单折页设计实例。

（3）展示学生优秀的宣传单折页设计作品，让学生感受优秀作品的设计灵感，在欣赏中熟练运用 Adobe InDesign CC 2019 软件自主完成宣传单折页设计的制作。

2. 学生活动

（1）学生分组进行现场展示并讲解如何运用 Adobe InDesign CC 2019 软件进行制作，训练学生的语言表达能力和沟通协调能力。

（2）通过课堂提问与话题讨论，让学生鉴赏宣传单折页，提高学生的审美能力。

一、学习问题导入

同学们在掌握了 Adobe InDesign CC 2019 软件中对文字的基本编辑后，需要更进一步了解 Adobe InDesign CC 2019 软件中的文字设置功能，这样可以为今后运用 Adobe InDesign CC 2019 软件处理文字寻找更便捷有效的方法。宣传单折页作为一种高效、便捷的宣传手段被很多企业、公司广泛使用。三折页是宣传彩页当中应用最为广泛的一种折页宣传单，三折页总共有三页六个版面，国际标准为 16 开的大度尺寸 285 毫米 ×210 毫米。

二、学习任务讲解与技能实训

（一）案例知识要点

1. 文本框的编辑

在Adobe InDesign CC 2019软件中编辑文本框，执行菜单栏【对象】-【文本框架】选项命令，在弹出的【文本框架选项】对话框中可以编辑文本框架的列数、内边距、垂直对齐和忽略文本绕排等参数，如图 3-41 所示。

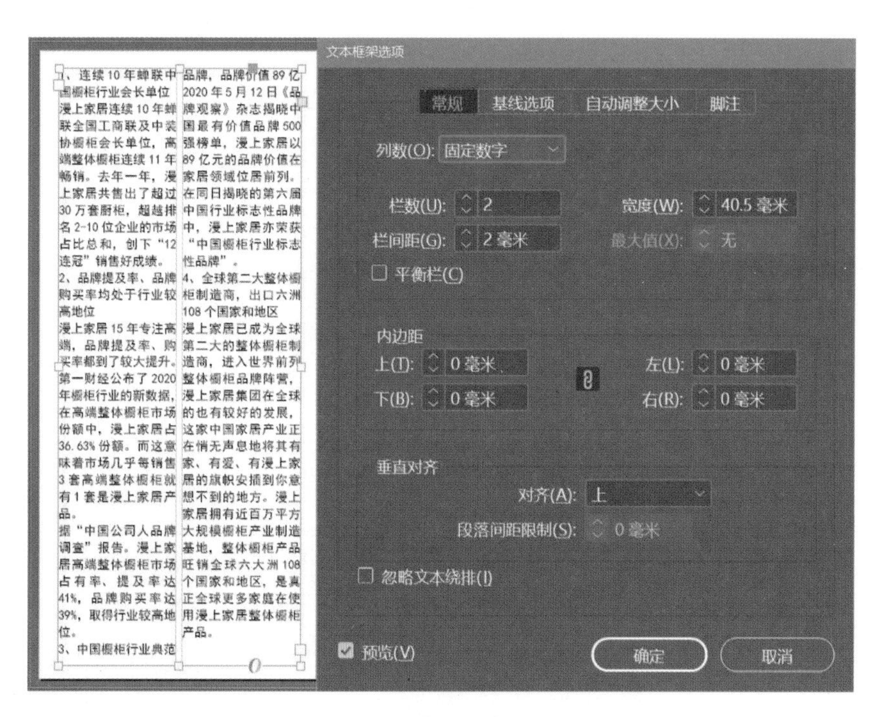

图 3-41

2. 文本框的串联

当一段文字较长时，若一个文本框无法完全容纳所有文字，则需要放置在多个文本框中，并需要保持文本框之间的先后关系，这时可以使用 Adobe InDesign CC 2019 软件的串接文本功能实现。在框架之间连接文本的过程称为串接文本。

在文本框的出口出现红色加号（+）标志时，表示该文本中有更多的文字因文本框架过小而隐藏起来了，这些被隐藏的文本称为“溢流文本”，可以通过串接文本将所有文字显示出来。

（1）自动文本串接。

执行菜单栏【文件】-【置入】命令，选择置入的文档。如不需要应用网格，则在【置入】对话框中取消【应用网格格式】命令，完成后单击【打开】按钮后按住 Shift 键，再用鼠标点击页面，文字会自动排入页面中，如图 3-42 所示。

（2）半自动文本串接。

执行菜单栏【文件】-【置入】命令，选择置入的文档，如不需要应用网格，则在【置入】对话框中取消【应用网格格式】命令，完成后单击【打开】按钮并按住 Alt 键，再用鼠标点击页面，只排入当前页面文字。若文字没有全部排完，需要继续单击下一个页面，如图 3-43 所示。

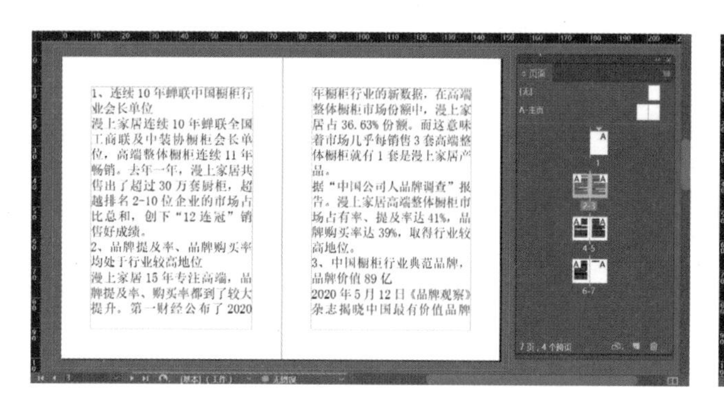

图 3-42

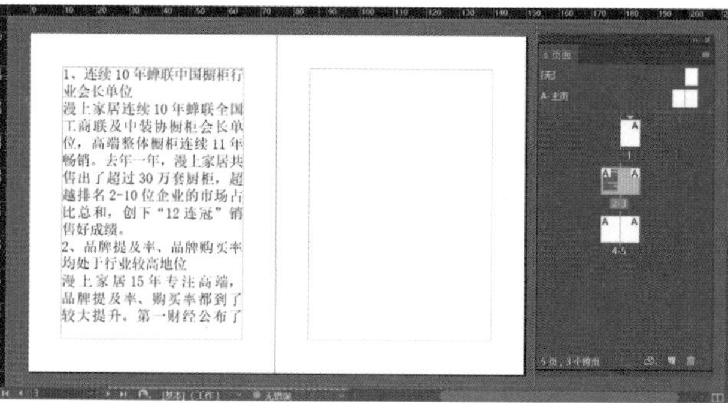

图 3-43

（3）手动文本框串接。

手动文本框串接需要向串接中添加新文本框。使用工具箱中的选择工具，选择一个文本框后需要用鼠标点击入口或出口后再新添置一个文本框架。即点击文本框架出口后，当光标变成文本缩略图时，拖曳鼠标绘制一个新文本框架形成文本串接，如图 3-44 所示。

3. 段落面板

段落面板用来调整段落样式，段落面板包括大量调整段落的功能。执行菜单栏【窗口】-【文字和表】-【段落】命令或【文字】-【段落】命令，打开段落面板，在段落面板中可设置段落的相关参数和属性，如图 3-45 所示。

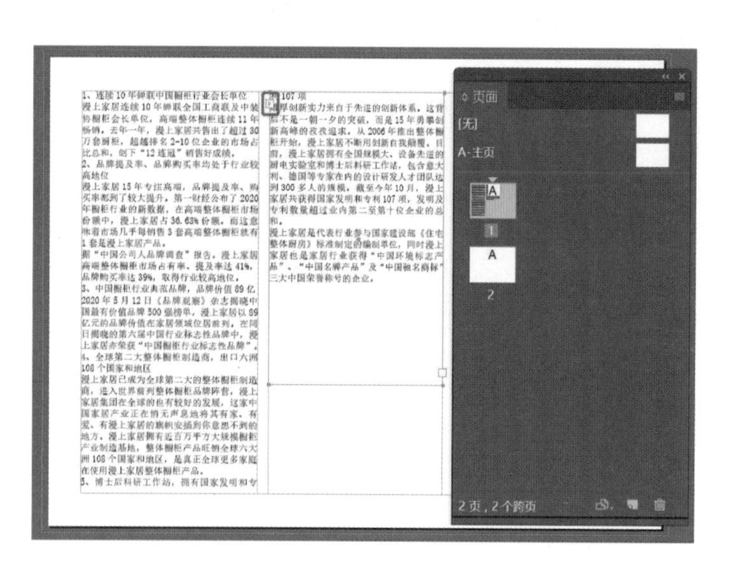

图 3-44

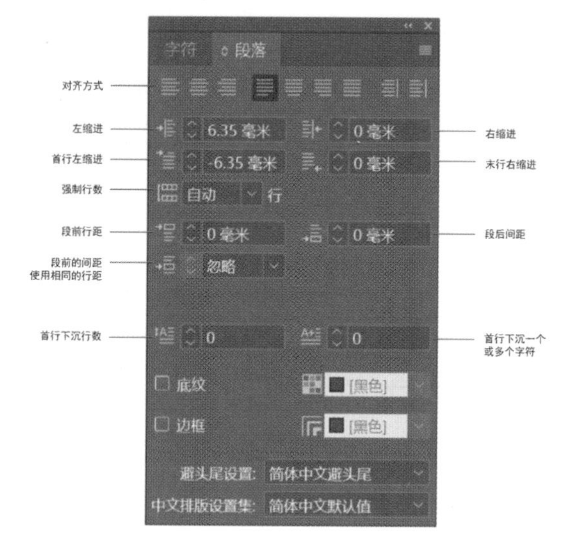

图 3-45

（1）对齐。

选择段落文字后在段落面板中可设置段落文字的对齐方式，对齐方式有左对齐、居中对齐、右对齐、双齐末行齐左、双齐末行居中、双齐末行齐右、全部强制对齐、朝向书脊对齐、背向书脊对齐。

（2）缩进。

缩进功能用来设置段落文本与文本框内侧的距离，包括左缩进、右缩进、首行左缩进和末行右缩进。在Adobe InDesign CC 2019 中位转换：1 点（pt）=0.376 毫米（mm）。

（3）强制行数。

强制行数是指将选中的段落文字按指定的行数排列。强制行数用来突显单行段落。

（4）段前间距和段后间距。

段前间距和段后间距用来调整段落与段落间的距离。

（5）首字下沉。

首字下沉可以设置段首文字的行高和文字大小。设置首字下沉时，需将文字光标插入该段落的前面或者选中该段落文字，否则无法设置文字下沉。首字下沉字符数量决定文字下沉的数量。

（6）底纹与边框。

底纹可以给段落添加底纹颜色；边框可以给段落加上边框。

（7）避头尾设置。

在进行图书或其他印刷品的排版设计时，不能出现在行首或行尾的字符统称为避头尾字符。

4. 字符样式与段落样式

字符样式是通过一个步骤就可以应用于文本的一系列字符格式属性的集合。段落样式包含字符和段落格式两种属性，并且可以应用于一个段落或多个段落。段落样式和字符样式分别位于不同的面板上。段落样式和字符样式被称为文本样式。

使用字符样式面板可以创建、命名字符样式，并将其应用于段落内的文本；使用段落样式面板可以创建、命名段落样式，并将其应用于整个段落。样式随文档一同存储，每次打开该文档时，它们都会显示在面板中。

（1）创建字符样式。

执行菜单栏【窗口】-【样式】-【字符样式】命令，弹出【字符样式】面板，单击面板右上角的快捷菜单按钮，可新建字符样式，如图 3-46 所示。

打开【新建字符样式】对话框后可编辑样式名称、基本字符格式、高级格式、颜色、下划线、删除线等，如图 3-47 所示。

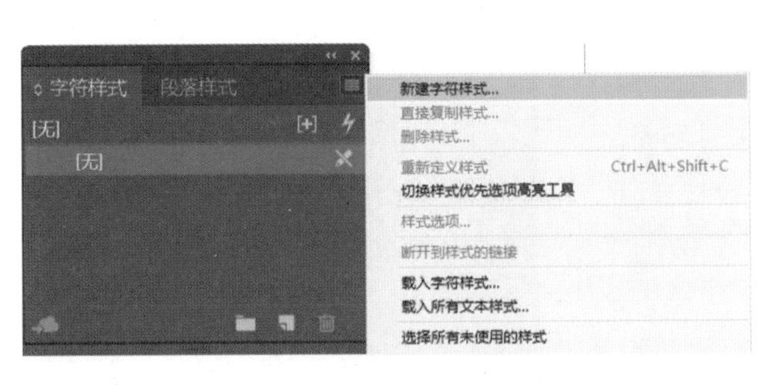

图 3-46

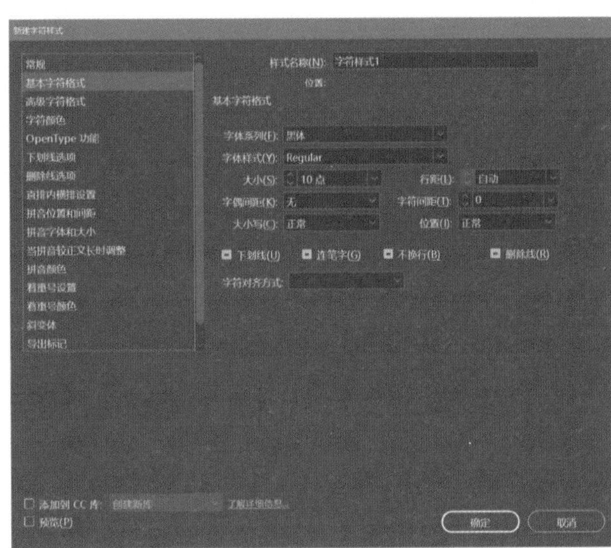

图 3-47

在【常规】选项中可设置创建的字符样式基于其他的字符样式，在【基于】下拉列表框中选择要基于的字符样式即可。

（2）创建段落样式。

执行菜单栏【窗口】-【样式】-【段落样式】命令，弹出【段落样式】面板，单击面板右上角的快捷菜单按钮，可新建段落样式，如图 3-48 所示。

打开【新建段落样式】对话框后可编辑段落的样式名称、基本字符格式、缩进和间距、制表符、段落线、段落边框等，如图 3-49 所示。

图 3-48

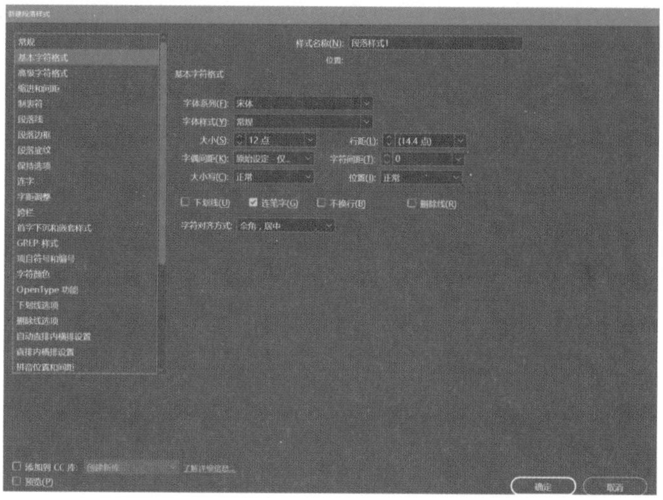

图 3-49

在【常规】选项中可设置创建的段落样式基于其他的段落样式，在【基于】下拉列表框中选择要基于的段落样式，在【下一样式】下拉列表框中选择【无段落样式】选项。在快捷键文本框中可设置快捷键。

（3）应用字符样式 / 段落样式。

选择工具箱中的文字工具，选中需要应用字符样式 / 段落样式的文字，在字符样式 / 段落样式面板中单击对应的字符样式即可。

（4）编辑字符样式 / 段落样式。

在字符样式 / 段落样式面板中双击选择需要编辑的样式，打开对话框进行相应的编辑即可。

5. 文本绕排

文本绕排是将文本绕排在任何对象周围，包括文本框架、导入的图像以及在 Adobe InDesign CC 2019 中绘制的对象。对对象应用文本绕排时，Adobe InDesign CC 2019 会在对象周围创建一个阻止文本进入的边界。文本所围绕的对象称为绕排对象。文本绕排也称为环绕文本。

执行菜单栏【窗口】-【文本绕排】命令，打开【文本绕排】面板，选择需要绕排的图形与文字，点击【文本绕排】面板中绕排样式以及上下左右位移距离，面板如图 3-50 所示。

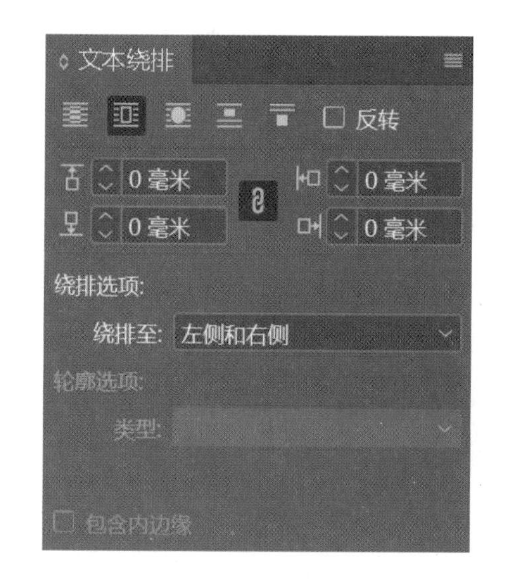

图 3-50

（二）实训任务

案例说明：为北京漫上家居股份有限公司制作一份定制全屋整

装的宣传单三折页，内容包括企业简介、品牌实力及其在行业上所取得的成就，从而达到更优的宣传效果，如图 3-51 所示。

图 3-51

1. 新建文档

启动 Adobe InDesign CC 2019 软件，新建文档，预设详细信息为“宣传单折页设计”，宽度为 285 毫米，高度为 210 毫米，方向为横向，装订从左到右，页面为 2，取消“对页”，起点为 1，设置完成后单击【边距和分栏】按钮，如图 3-52 所示。

在弹出的【新建边距和分栏】对话框中将边距改为 0 毫米，栏数改为 3，栏间距改为 0 毫米，排版方向为水平，单击【确定】按钮，如图 3-53 所示。

2. 绘制蓝色矩形

选择工具箱中的矩形工具，沿着文档中间分栏绘制一个矩形，执行菜单栏【窗口】-【颜色】-【色板】命令，打开【色板】面板，单击右上角的快捷菜单按钮，执行【新建颜色色板】命令，在弹出的【新建颜色色板】对话框中设置颜色类型为“印刷色”，颜色模式为 CMYK（C=100 M=90 Y=10 K=0），单击【确定】按钮，如图 3-54 所示。

选择绘制的矩形，单击色板面板中的新创建颜色为矩形填充颜色，效果如图 3-55 所示。

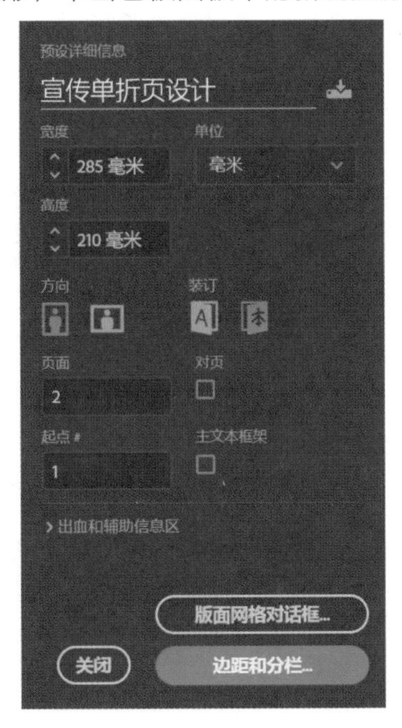

图 3-52

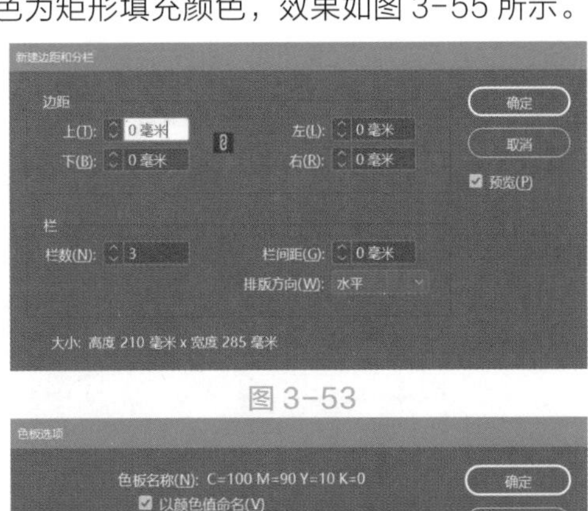

图 3-53

图 3-54

3. 绘制封面

（1）选择工具箱中的【矩形框架工具】，绘制一个 80 毫米 ×130 毫米的矩形框架，在属性栏上设置旋转角度为 135°，描边为 3 点，描边颜色为蓝色（C=100 M=90 Y=10 K=0），角选项为圆角，圆角大小为 5 毫米。

再次选择工具箱中的【矩形框架工具】，绘制一个 60 毫米 ×120 毫米的矩形框架，在属性栏上设置旋转角度为 135°，描边为 3 点，描边颜色为蓝色（C=100 M=90 Y=10 K=0），角选项为圆角，圆角大小为 5 毫米，属性栏参数如图 3-56 所示。

将两个圆角矩形框架放置在页面合适位置，如图 3-57 所示。

图 3-55

图 3-56

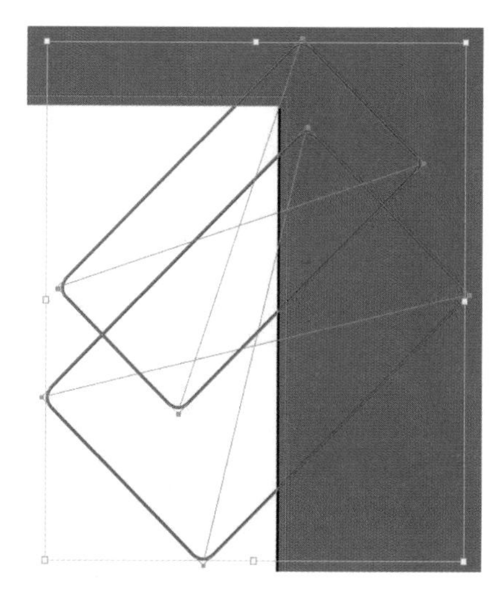

图 3-57

（2）选中 80 毫米 ×130 毫米的矩形框架，执行菜单栏【文件】-【置入】命令，置入“客厅 3.jpg”文件，双击图形中圆形按钮进入编辑模式，在属性栏上设置旋转角度为 0°。效果如图 3-58 所示。

（3）选中 60 毫米 ×120 毫米的矩形框架，在属性栏上的【向选定目标添加对象效果】设置添加【投影】命令，参数为默认；执行菜单栏【文件】-【置入】命令，置入素材“客厅 2.jpg”文件，双击图形中圆形按钮进入编辑模式，在属性栏上设置旋转角度为 0°，并调整图片位置。效果如图 3-59 所示。

（4）选择工具箱中的矩形工具，绘制一个 70 毫米 ×50 毫米的矩形，执行菜单栏【窗口】-【颜色】-【色

图 3-58

图 3-59

板】命令，打开【色板】面板，单击右上角的快捷菜单按钮，执行【新建颜色色板】命令，在弹出的【色板选项】对话框中设置颜色类型为“印刷色”，颜色模式为 CMYK(C=0 M=15 Y=25 K=0)，单击【确定】按钮，参数如图 3-60 所示。

选择绘制的矩形，单击【色板】面板中的【新创建颜色】为矩形填充颜色，并在属性栏上设置角选项为圆角，圆角大小为 5 毫米，效果如图 3-61 所示。

（5）选择工具箱中的【直线工具】，沿着置入图片四周绘制直线，直线颜色为蓝色 (C=100 M=90 Y=10 K=0)，在描边面板上设置粗细为 2 点，起始处 / 结束处为实心圆，描边设置如图 3-62 所示。完成效果如图 3-63 所示。

（6）执行菜单栏【文件】-【置入】命令，置入素材“标志 .ai”文件，在合适的位置按住鼠标拖曳调整到合适的大小后释放鼠标，效果如图 3-64 所示。

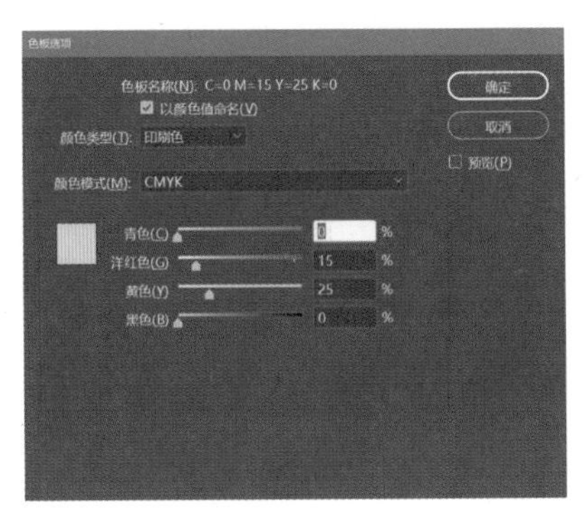

图 3-60

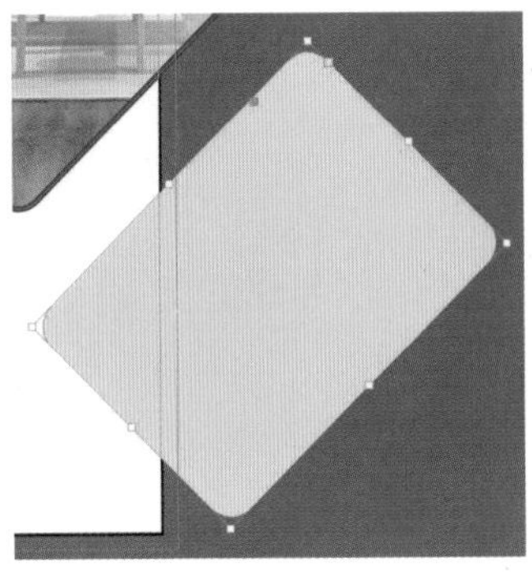

图 3-61

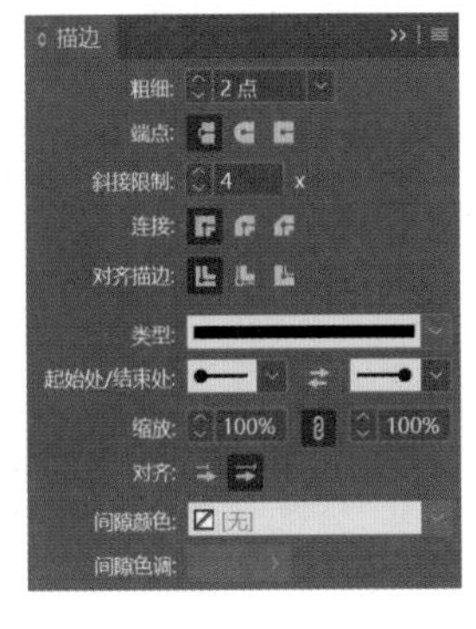

图 3-62

图 3-63

（7）打开色板面板，单击右上角的快捷菜单按钮，执行【新建颜色色板】命令，在弹出的【新建颜色色板】对话框中设置颜色类型为印刷色，颜色模式为 CMYK（C=70 M=65 Y=40 K=40)，点击【确定】按钮。

打开“文字素材 1.docx”文件，选中“定制全屋整装 解决方案 CUSTOMIZE THE WHOLE HOUSE SOLUTION”文字，按 Ctrl+C 键复制文字，返回 Adobe InDesign CC 2019 软件，选择工具箱中的文字工具，在蓝色矩形左侧方框选出文本框后，在【色板】面板上选择颜色为深蓝色 (C=70 M=65 Y=40 K=40)，按 Ctrl+V 键粘贴文字。

选中文字“定制全屋整装 解决方案”，在字符面板上选择字体为黑体，字体样式为 Regular，字号为 20 点，行距为 30 点。

选中文字“CUSTOMIZE THE WHOLE HOUSE”，在字符面板上选择字体为 Arial，字体样式为 Regular，字号为 12 点，行距为 18 点。

选中文字“SOLUTION”，在字符面板上选择字体为 Arial，字体样式为 Bold，字号为 20 点，行距为 18 点，在颜色面板上选择颜色为黄色 (C=5 M=20 Y=100 K=10)，文字效果如图 3-65 所示。

（8）选择工具箱中的钢笔工具，在文字旁边绘制折线，折线颜色为深蓝色（C=70 M=65 Y=40 K=40），在描边面板上设置粗细为 2 点，起始处 / 结束处为实心方形，描边设置如图 3-66 所示。

完成折线效果如图 3-67 所示。

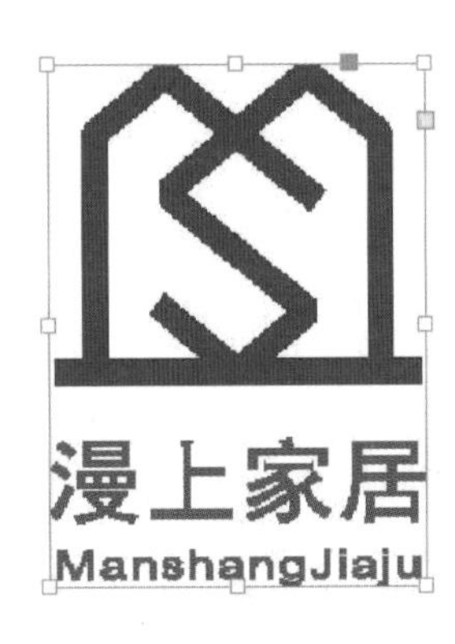

图 3-64

图 3-65

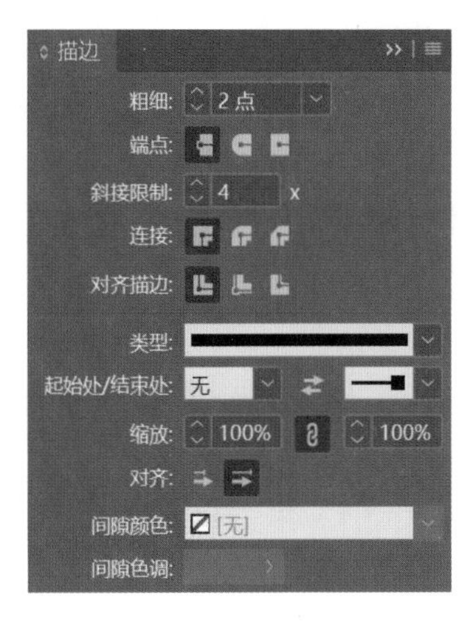

图 3-66

图 3-67

4. 绘制封底

（1）执行菜单栏【文件】-【置入】命令，置入素材“二维码 .png”文件，在蓝色矩形中间按住鼠标拖曳调整到合适的大小后释放鼠标，在属性面板上对齐中选择对齐页面后，点击水平居中对齐与垂直居中对齐按钮，效果如图 3-68 所示。

（2）打开“文字素材 1.docx”文件，选中“专注 · 专心 · 专业”文字，按 Ctrl+C 键复制文字，返回 Adobe InDesign CC 2019 软件，选择工具箱中的文字工具在二维码上方框选出文本框后，在字符面板上选择字体为黑体，字体样式为 Regular，字号为 18 点，在段落面板上选择双齐末行居中对齐，在颜色面板上选择白色，按 Ctrl+V 键粘贴文字，如图 3-69 所示。

（3）打开“文字素材 .docx”文件，选中“公司地址：北京市某某区某某街 88-888 号 联系电话：010-888 8888　010-666-6666”文字，按 Ctrl+C 键复制文字，返回 Adobe InDesign CC 2019，选择工具箱中的文字工具，在二维码下方框选出文本框后，在字符面板上选择字体为黑体，字体样式为 Regular，字号为 11 点，行距为 18 点，在段落面板上选择双齐末行居中对齐，在颜色面板上选择白色，按 Ctrl+V 键粘贴文字，如图 3-70 所示。

（4）按住 Shift 键选择两个文本框，在属性面板上对齐中选择对齐页面后，点击水平居中对齐与垂直居中对齐按钮，效果如图 3-71 所示。

图 3-68

图 3-69

图 3-70

图 3-71

5. 绘制标题

选择工具箱中的【矩形工具】，在页面左上角绘制一个 16 毫米 ×42 毫米的矩形，在属性栏将颜色调整为深蓝色 (C=70 M=65 Y=40 K=40)，角选项为斜角，斜角大小为 3 毫米，如图 3-72 所示。

图 3-72

图 3-73

打开“文字素材 .docx”文件，选中“企业简介 Company profile”文字，按 Ctrl+C 键复制文字，返回 Adobe InDesign CC 2019 软件，选择工具箱中的文字工具框选出文本框后，在字符面板上选择字体为黑体，字体样式为 Regular，字号为 17 点，在段落面板上选择双齐末行居中对齐，在颜色面板上选择白色，按 Ctrl+V 键粘贴文字。选中文字“Company profile”，在字符面板上将字号调整为 12 点，将文字置于斜角矩形上方，如图 3-73 所示。

6. 新建字符样式和段落样式

（1）执行菜单栏【窗口】-【样式】-【字符样式】命令，弹出【字符样式】面板，单击面板右上角的快捷菜单按钮，打开【字符样式选项】对话框，样式名称为“小标题”，在基本字符格式中设置字体系列为黑体，字体样式为 Regular，字号为 12 点，行距为 15 点，在【字符颜色】中设置字符颜色为黑色，单击【确定】按钮，如图 3-74 所示。

（2）执行菜单栏【窗口】-【样式】-【段落样式】命令，弹出【段落样式】面板，单击面板右上角的快捷菜单按钮，打开【段落样式选项】对话框，样式名称为“正文”，在基本字符格式中设置字体系列为黑体，字体样式为 Regular，字号为 9 点，行距为 15 点，如图 3-75 所示。

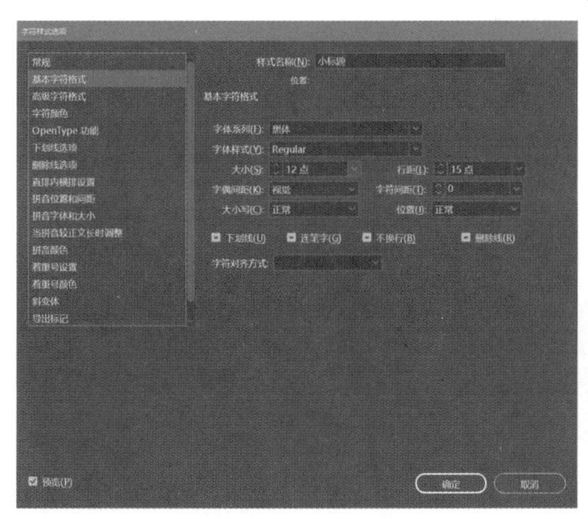

图 3-74

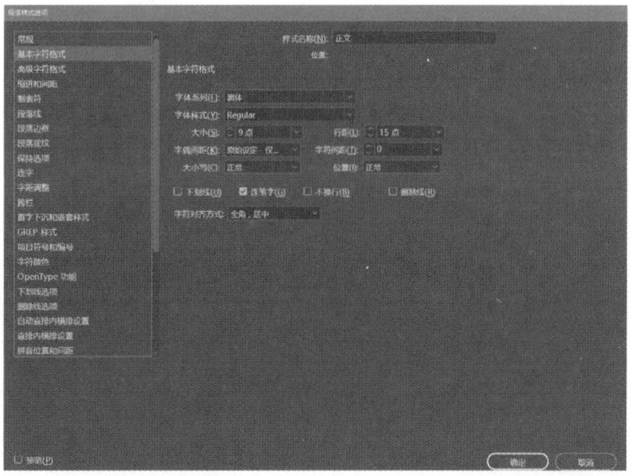

图 3-75

在【缩进与间距】中设置对齐方式为双齐末行齐左，首行缩进为 6.768 毫米，单击【确定】按钮，完成设置，如图 3-76 所示。

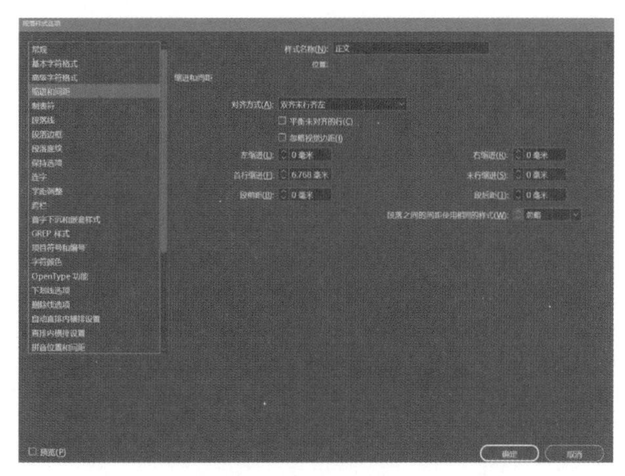

图 3-76

在【字符颜色】中设置字符颜色为黑色，如图 3-77 所示。

7. 编辑企业简介正文

（1）打开“文字素材 .docx”文件，选中企业简介文字，按 Ctrl+C 键复制文字，返回 Adobe InDesign CC 2019，选择工具箱中的文字工具，在企业简介标题下方框选出文本框后，在【段落样式】面板上选择“正文”，按 Ctrl+V 键粘贴文字，如图 3-78 所示。

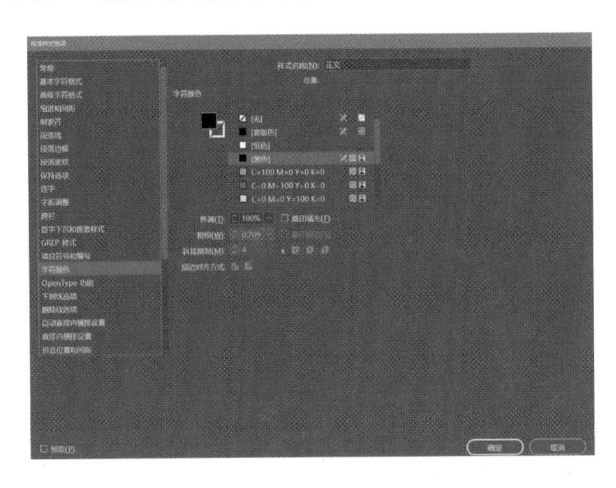
图 3-77

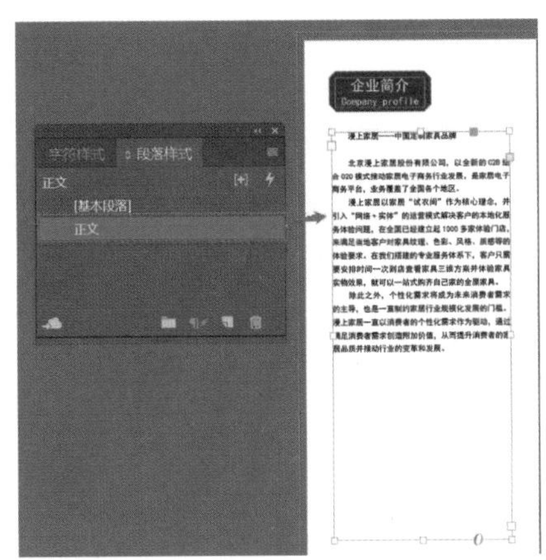

图 3-78

（2）选中文字“漫上家居——中国定制家具品牌”，点击字符样式中的“小标题”，完成企业简介正文编辑，效果如图 3-79 所示。

（3）选择工具箱中的【矩形框架工具】☒，绘制两个 35 毫米 ×24 毫米的矩形框架，在属性栏上设置描边为 1 点，描边颜色为深蓝色（C=70 M=65 Y=40 K=40）。

选中两个矩形框架，执行菜单栏【窗口】-【文本绕排】命令，打开【文本绕排】面板，点选【沿定界框绕排】，并调整矩形框架位置，如图 3-80 所示。完成后的文本绕排效果如图 3-81 所示。

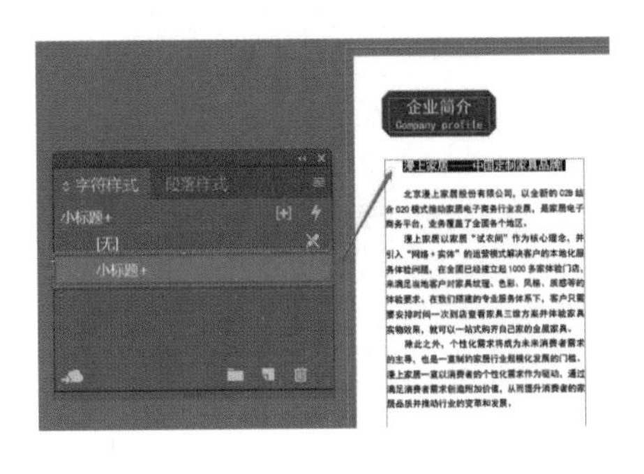

图 3-79

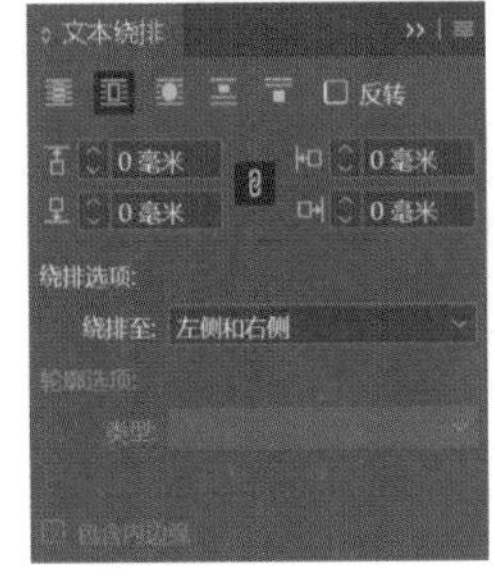

图 3-80

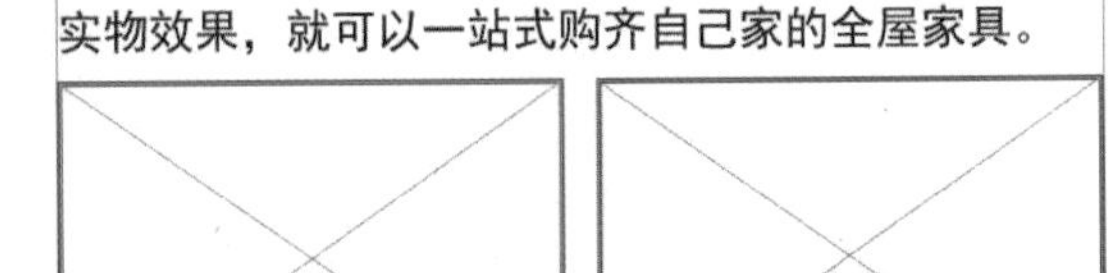

图 3-81

（4）分别选中矩形框架后，执行菜单栏【文件】-【置入】命令，置入素材“餐厅 1.jpg”/“书房 1.jpg”文件，双击图形中圆形按钮进入编辑模式，按住 Shift 键等比例调整图片大小，使其适合矩形框架，完成效果如图 3-82 所示。

（5）选择工具箱中的【矩形框架工具】☒，在文本下方绘制 72 毫米 ×38 毫米的矩形框架，在属性栏上设置描边为 1 点，描边颜色为深蓝色（C=70 M=65 Y=40 K=40）。

选中矩形框架后，执行菜单栏【文件】-【置入】命令，置入素材“书房 2.jpg”文件，双击图形中圆形按钮进入编辑模式，按住 Shift 键等比例调整图片大小，使其适合矩形框架，完成效果如图 3-83 所示。

图 3-82

图 3-83

（6）选择【矩形工具】，在企业简介下方绘制两个矩形，在属性栏上将角选项改为圆角，圆角大小为 5 毫米，打开色板面板分别为两个矩形添加蓝色（C=100 M=90 Y=10 K=0）、粉色（C=0 M=15 Y=25 K=0），第一页最终效果如图 3-84 所示。

8. 绘制内页

（1）选择工具箱中的矩形工具，沿着第二页文档中的出血线绘制一个矩形，打开色板面板为矩形填充蓝色（C=100 M=90 Y=10 K=0），如图 3-85 所示。

（2）使用【钢笔工具】在左侧栏上绘制一个不规则四边形，并执行菜单栏【文件】-【置入】命令，置入素材“客厅 1.jpg”文件，双击图形中圆形按钮进入编辑模式，按住 Shift 键调整图片大小，并移动图片位置，效果如图 3-86 所示。

图 3-84

图 3-85

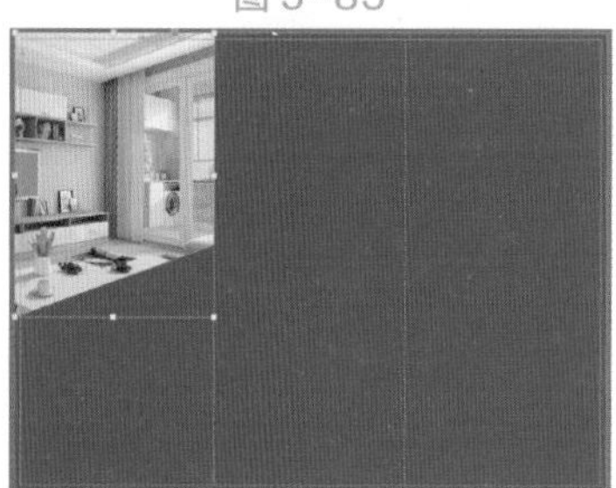

图 3-86

（3）选择工具箱中的【矩形工具】，在第一栏绘制一个矩形，打开颜色面板为矩形填充白色，如图 3-87 所示。

（4）选择工具箱中的【矩形工具】，在页面左上角绘制一个 16 毫米 ×42 毫米的矩形，在属性栏将颜色调整为深蓝色（C=70 M=65 Y=40 K=40），角选项为斜角，斜角大小为 3 毫米。

打开“文字素材 .docx”文件，选中“品牌实力 Brand strength”文字，按 Ctrl+C 键复制文字，返回 Adobe InDesign CC 2019 软件，选择工具箱中的文字工具，框选出文本框后，字符面板上选择字体为黑体，字体样式为 Regular，字号为 17 点，在段落面板上选择双齐末行居中对齐，在颜色面板上选择白色，按

Ctrl+V 键粘贴文字。选中文字“Brand strength”，在字符面板上将字号调整为 12 点，将文字置于斜角矩形上方，如图 3-88 所示。

图 3-87

图 3-88

（5）打开“文字素材 .docx”文件，选中介绍相关文字，按 Ctrl+C 键复制文字，返回 Adobe InDesign CC 2019 软件，选择工具箱中的【文字工具】 在白色矩形内框选出文本框后，在段落样式面板上选择正文，按 Ctrl+V 键粘贴文字，如图 3-89 所示。

选中文字“漫上家居”，在字符面板上将字号调整为 18 点，行距调整为 30 点。分别选中各级小标题，点击字符样式中的“小标题”，完成企业简介正文编辑，效果如图 3-90 所示。

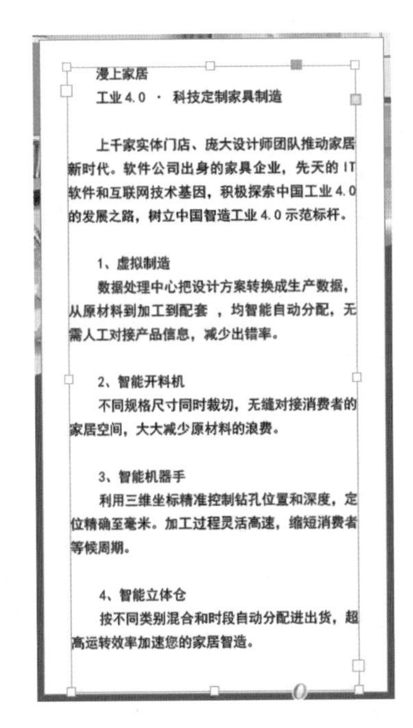

图 3-89

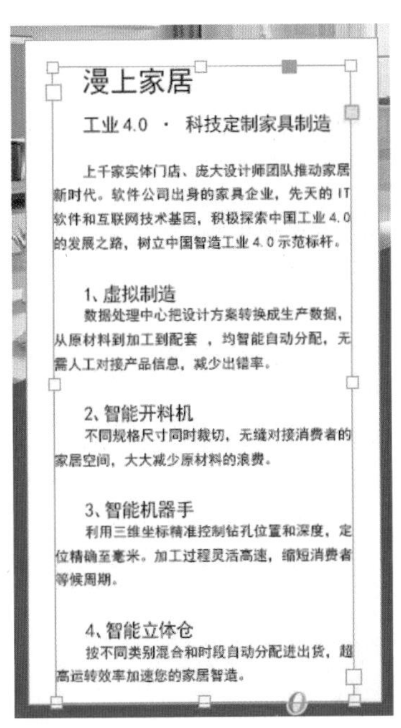

图 3-90

（6）打开“文字素材 .docx”文件，选中“最专业严谨的技术支持 为您的家居保驾护航”文字，按 Ctrl+C 键复制文字后返回 Adobe InDesign CC 2019 软件，选择工具箱中的文字工具框选出文本框后，在字符面板上选择字体为黑体，字体样式为 Regular，字号为 16 点，行距为 24 点，在段落面板上选择双齐末行居中对齐，在颜色面板上选择白色（C=0 M=0 Y=0 K=0），按 Ctrl+V 键粘贴文字，如图 3-91 所示。

选中工具箱中的钢笔工具，在文字旁边绘制折线，折线颜色为白色，在描边面板上设置粗细为 2 点，效果如图 3-92 所示。

（7）使用矩形工具在标题下方绘制一个 95 毫米 ×20 毫米的矩形，并填充白色。执行菜单栏【文件】-【置入】命令，置入素材“标签 .png”文件，将图形置于白色矩形上方，效果如图 3-93 所示。

（8）使用文字工具在标签下方绘制文本框，在段落样式面板上选择“正文”，执行菜单栏【文件】-【置入】命令，置入“文字素材 .docx”文件，将文字置入文本框内。由于文字过多，文本溢流，选择工具箱中的【选择工具】 ，点击文本框架出口后，当光标变成文本缩略图时，在第三栏拖曳鼠标绘制一个新文本框架形成文本串接，按 Ctrl+A 键全选文字，在颜色面板上将文字调整为白色，最终文字效果如图 3-94 所示。

（9）执行菜单栏【文件】-【置入】命令，置入素材“卧室 1.jpg”文件，将图片置于串联文本下方，如图 3-95 所示。

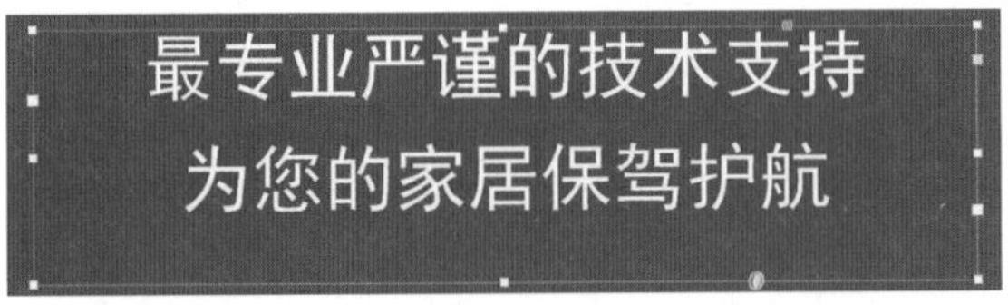

最专业严谨的技术支持
为您的家居保驾护航

图 3-91

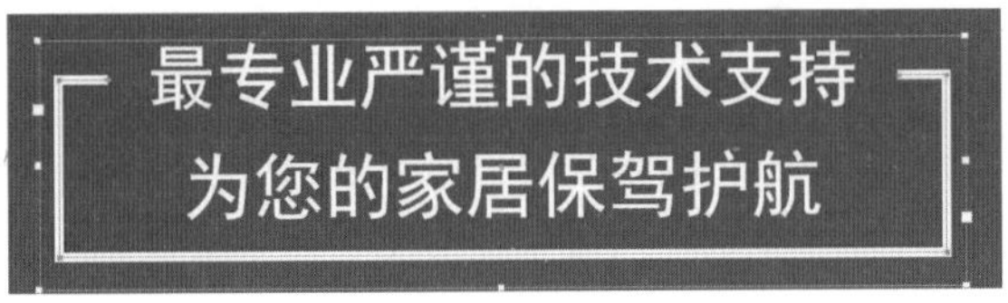

最专业严谨的技术支持
为您的家居保驾护航

图 3-92

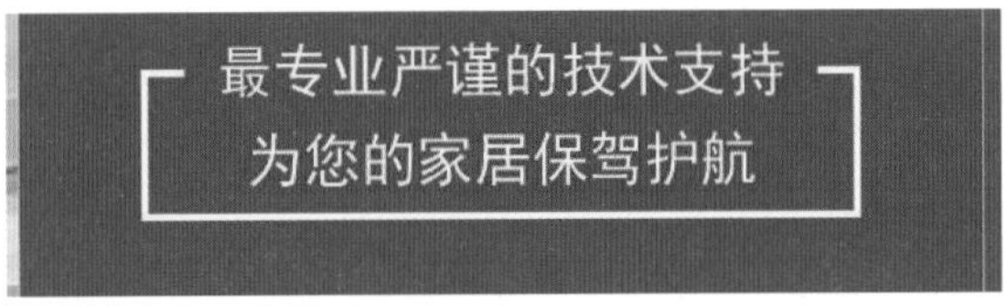

最专业严谨的技术支持
为您的家居保驾护航

图 3-93

最专业严谨的技术支持
为您的家居保驾护航

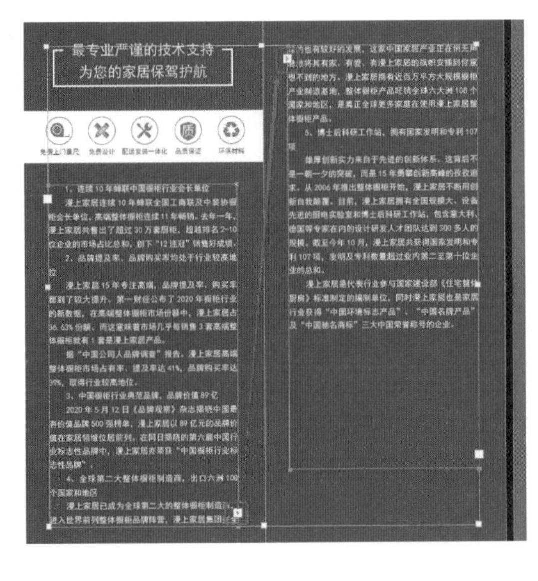

图 3-94

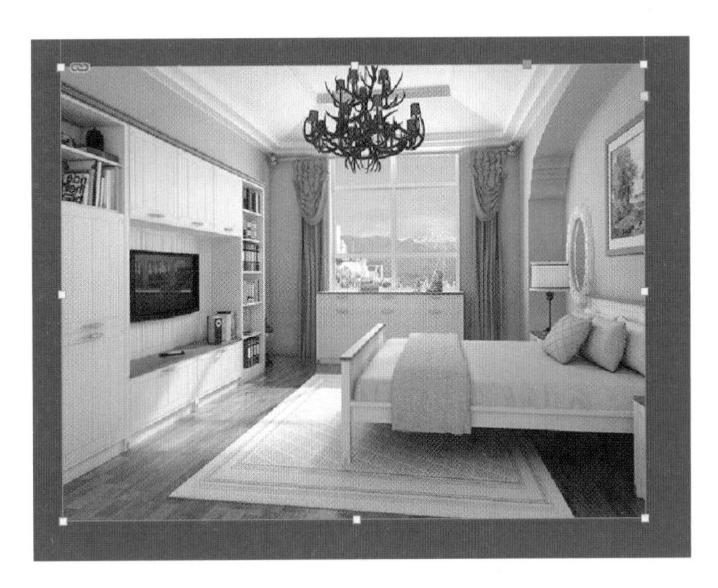

图 3-95

9. 存储文件

执行菜单栏【文件】-【存储】命令，在弹出的【存储为】对话框中选择文件存储位置，单击【保存】按钮，如图 3-96 所示，完成宣传单折页设计。

图 3-96

三、学习任务小结

本次任务主要学习了运用Adobe InDesign CC 2019软件中的文字设置功能完成宣传单折页设计的方法，同学们了解了宣传单折页设计与制作的基本要求和设计制作步骤。课后，同学们要针对本次课所学技能反复练习，掌握最便捷的软件打开方式，做到熟能生巧，提高软件绘制的效率。

四、课后作业

题目：为北京漫上家居股份有限公司制作一份定制全屋整装的宣传单三折页。

要求：

（1）根据宣传单折页设计范例的文字、图片素材重新设计；

（2）宣传单折页调整为双折页，尺寸为 285 毫米 ×210 毫米；

（3）绘制完成后存储为 InDesign（*.indd）格式，并导出 PDF（*.pdf）格式。

台历设计

教学目标

（1）专业能力：了解 Adobe InDesign CC 2019 软件中的图表制作功能，了解台历制作的基本要求和制作步骤，并能够按要求制作台历。

（2）社会能力：学生能够在 Adobe InDesign CC 2019 软件中熟练制作图表（新建表格、置入表格等），加深对台历制作的认识，欣赏不同的设计风格，提升自身艺术修养。

（3）方法能力：介绍与讲解 Adobe InDesign CC 2019 软件中的制作图表功能，再通过文字、图形、色彩的合理搭配，运用绘画、摄影等方法，使用 Adobe InDesign CC 2019 软件对台历进行设计。

学习目标

（1）知识目标：掌握 Adobe InDesign CC 2019 软件中的图表制作功能。

（2）技能目标：能熟练运用 Adobe InDesign CC 2019 软件的图表制作功能设计制作各种台历。

（3）素质目标：通过使用 Adobe InDesign CC 2019 软件设计台历及欣赏各类台历设计，领略不同的设计风格，培养艺术情感。

教学建议

1. 教师活动

（1）教师掌握图表制作的各种功能，收集各种不同类型的台历制作设计案例，采用软件分析及案例讲解的形式提高学生对台历制作的直观认知。

（2）运用 Adobe InDesign CC 2019 软件示范台历的制作要点，并指导学生完成台历制作实例。

（3）展示学生优秀的台历制作作品，让学生感受优秀作品的设计灵感，在欣赏中熟练运用 Adobe InDesign CC 2019 软件自主完成台历的制作。

2. 学生活动

（1）学生分组进行现场展示并讲解如何运用 Adobe InDesign CC 2019 软件制作台历，训练学生的语言表达能力和沟通协调能力。

（2）鉴赏优秀台历设计作品，提高自身的审美能力。

一、学习问题导入

台历是一种非常有效的广告宣传手段，同时也具有一定的美感。本次任务我们一起来学习 Adobe InDesign CC 2019 软件的图表制作功能，并练习运用这种功能制作台历。

二、学习任务讲解与技能实训

（一）案例知识要点

1. 表格

表格由单元格组成，分别填写文字或数字等书面材料，便于统计查看。表格由一行或多行单元格组成，用于显示数字和其他项以便快速引用和分析。表格中的项被组织为行和列。表头一般指表格的第一行，指明表格每一列分类。

2. 建立表格

（1）创建表格。

选择工具箱中的【文字工具】T，绘制出文本框后，执行菜单栏【表】-【插入表】命令，弹出【插入表】对话框，在对话框中设置参数后单击【确定】按钮，完成表格的创建，如图 3-97 所示。

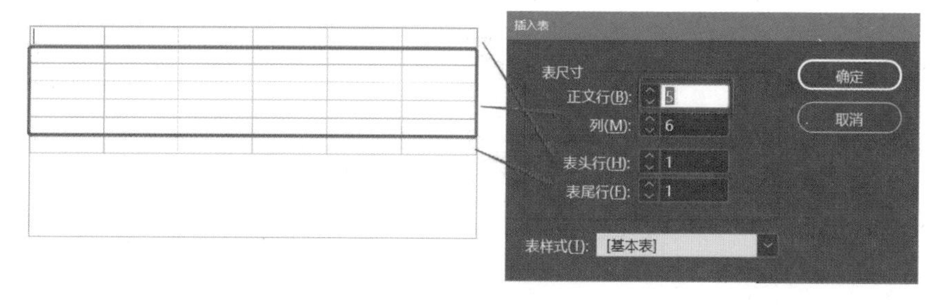

图 3-97

（2）置入表格。

在 Adobe InDesign CC 2019 中使用置入命令导入含有表格的 Word 文档或导入 Excel 表格，导入的数据是可以编辑的，在导入时使用导入选项对话框控制表格。

执行菜单栏【文件】-【置入】命令，在弹出的【置入】对话框中选择要置入的表格，勾选【显示导入选项】，单击【打开】按钮，在文档页面中单击鼠标左键，完成表格置入，如图 3-98 所示。

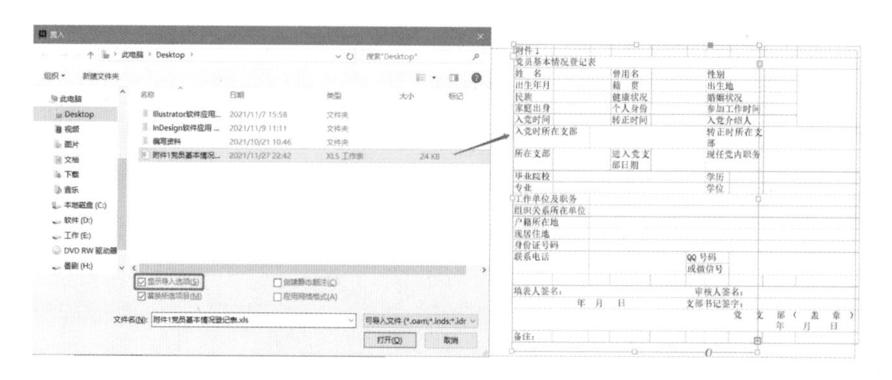

图 3-98

（3）文本与表格的转换。

选择工具箱中的文字工具，选中要转换为表的文本，执行菜单栏【表】-【将文本转换为表】命令，弹出【将文本转换为表】对话框，单击【确定】按钮，将文本转换为表格，如图 3-99 所示。

3. 编辑表格

（1）选取表格。

单元格是构成表格的基本元素。选择工具箱中的文字工具在要选择的单元格内单击鼠标左键将光标插入，执行菜单栏【表】-【选择】-【单元格】命令，可选中单元格。使用相同的方法执行【表】-【选择】命令，可以选取表格中的行和列等，如图 3-100 所示。

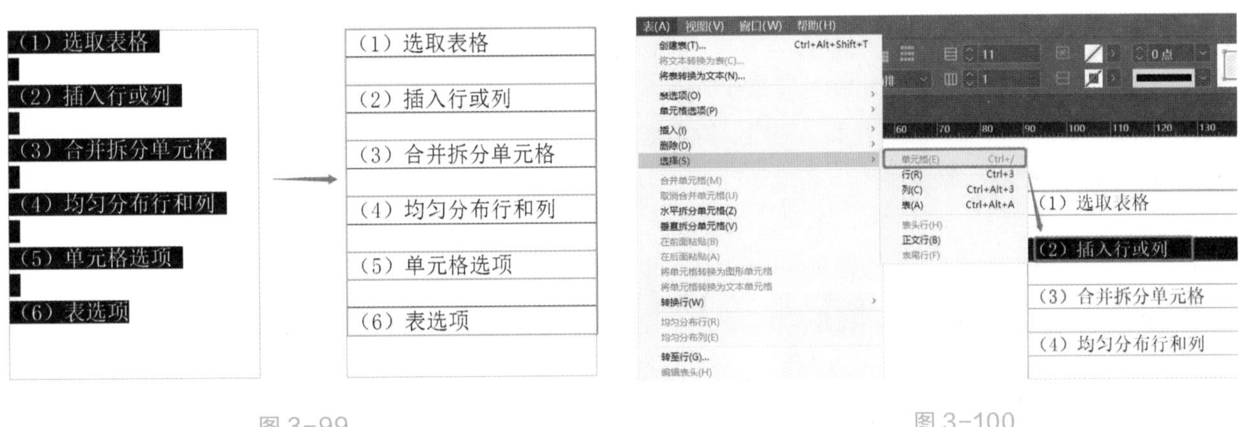

图 3-99　　图 3-100

（2）插入行或列。

选择工具箱中的【文字工具】T，在需要插入行 / 列的位置单击鼠标左键，确定插入点后执行菜单栏【表】-【插入】-【行（列）】命令，弹出【插入行】/【插入列】对话框，在对话框中设置需要插入的行列数和位置后，单击【确定】按钮完成插入操作，如图 3-101 所示。

（3）合并拆分单元格。

选择工具箱中的【文字工具】T，选中需要合并或拆分的表格，执行菜单栏【表】-【合并单元格（水平拆分单元格 / 垂直拆分单元格）】命令，可合并单元格或水平 / 垂直拆分单元格，如图 3-102 所示。

（4）均匀分布行和列。

选择工具箱中的【文字工具】T，在表格中将需要统一高度的行 / 列全部选中，执行【菜单栏】-【表】-【均匀分布行】/【均匀分布列】命令，选中的表格中的行或列将均匀分布高度或宽度，如图 3-103 所示。

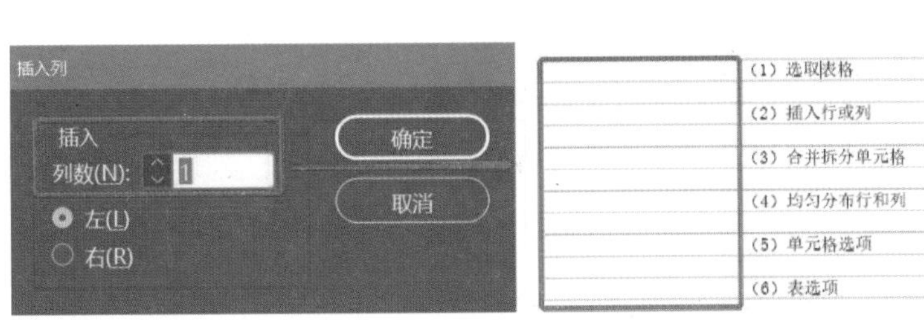

图 3-101

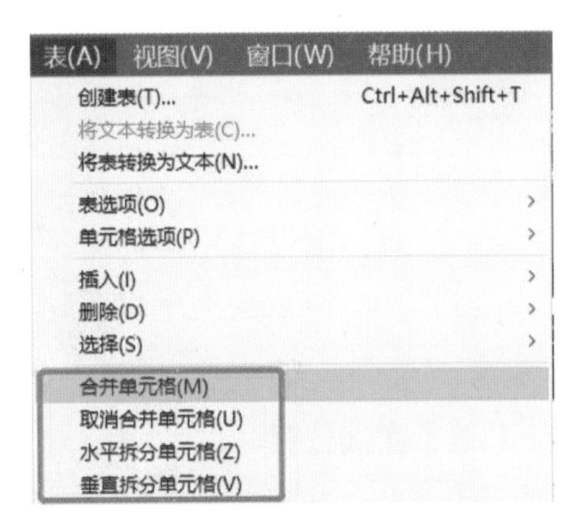

图 3-102

（5）单元格选项。

选择工具箱中的【文字工具】T，选择表格，执行菜单栏【表】-【单元格选项】-【文本】命令，在弹出的【单元格选项】对话框中可进行文本、图形描边和填色、行和列、对角线的设置，使表格更加丰富，表现形式更多元化，如图 3-104 所示。

（6）表选项。

执行菜单栏【表】-【表选项】-【表设置】命令，在弹出的【表选项】对话框中，可修饰整个表格的外观，其中包括表设置、行线、列线、填色、表头和表尾选项，如图 3-105 所示。

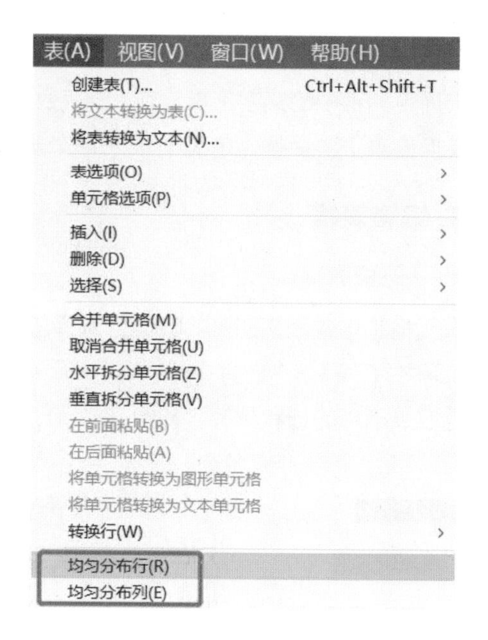

图 3-103

4. 表面板

执行菜单栏【窗口】-【文字和表】-【表】命令，弹出【表】面板，在面板中可以调节行数、行高、列宽、排版方向和单元格的内边距及表样式等，如图 3-106 所示。

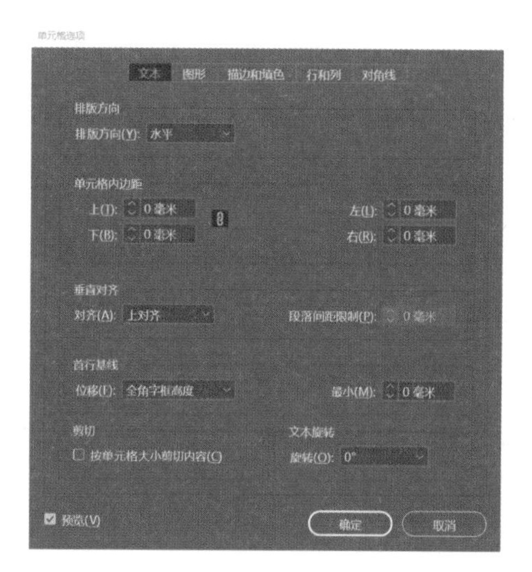

图 3-104

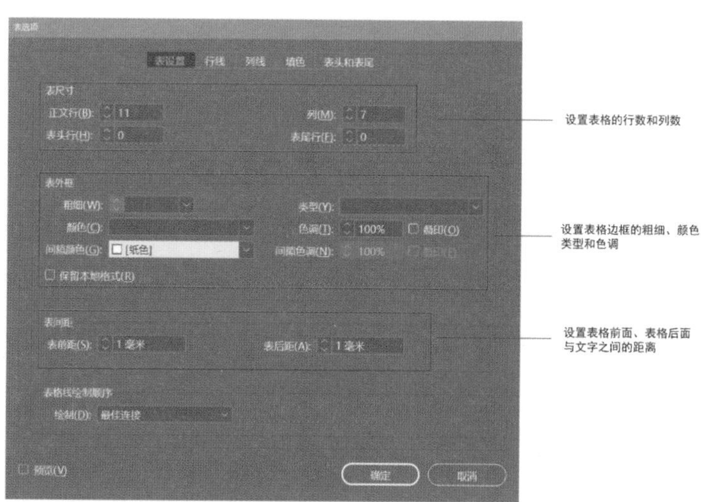

图 3-105

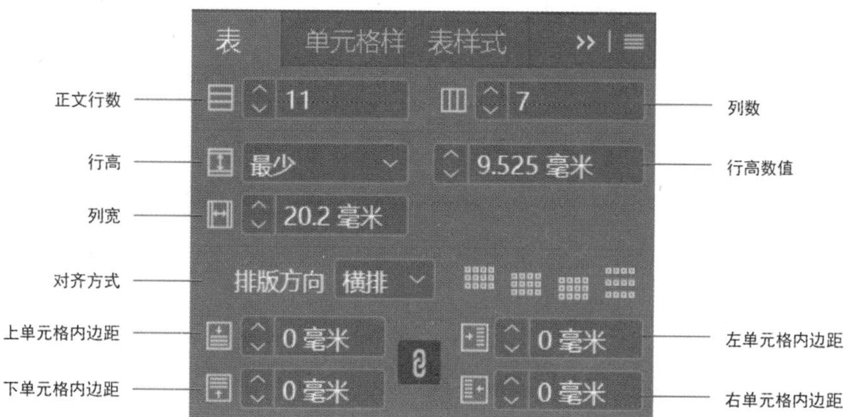

图 3-106

（二）实训任务

案例说明：北京漫上家居股份有限公司为了迎接 2022 年的到来，特制作 2022 年前两个月的台历样本，如图 3-107 所示。

1. 新建文档

（1）启动 Adobe InDesign CC 2019 软件，新建文档，预设详细信息为“台历制作”，宽度为 160 毫米，高度为 230 毫米，方向为横向，装订从左到右，页面为 3，取消“对页”，起点为 1，设置完成后单击【边距和分栏】按钮，如图 3-108 所示。

（2）在弹出的【新建边距和分栏】对话框中将上、下边距改为 10 毫米，左、右边距改为 9 毫米，单击【确定】按钮，创建台历制作文件，如图 3-109 所示。

2. 绘制封面

（1）执行菜单栏【窗口】-【颜色】-【色板】命令，打开【色板】面板，单击右上角的快捷菜单按钮，执行【新建颜色色板】命令，在弹出的【新建颜色色板】对话框中设置颜色类型为“印刷色”，颜色模式为 CMYK（C=5 M=100 Y=100 K=10），单击【确定】按钮，如图 3-110 所示。

图 3-107

图 3-108

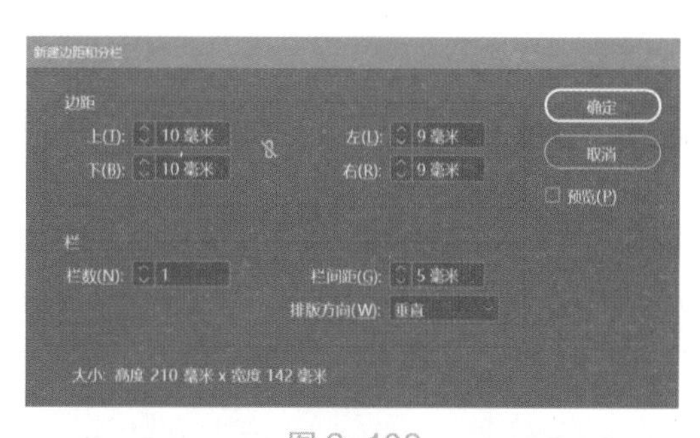

图 3-109

图 3-110

（2）选择工具箱中的矩形工具，沿着文档边缘绘制一个矩形，单击色板面板中的新创建颜色为矩形填充颜色，效果如图 3-111 所示。

（3）执行菜单栏【文件】-【置入】命令，置入素材“封面底纹 .png”文件，选择菜单栏【窗口】-【属性】命令，打开【属性】面板，在弹出的对话框面板的【外观】中将不透明度调整为 15%，如图 3-112 所示。完成后的效果如图 3-113 所示。

图 3-111

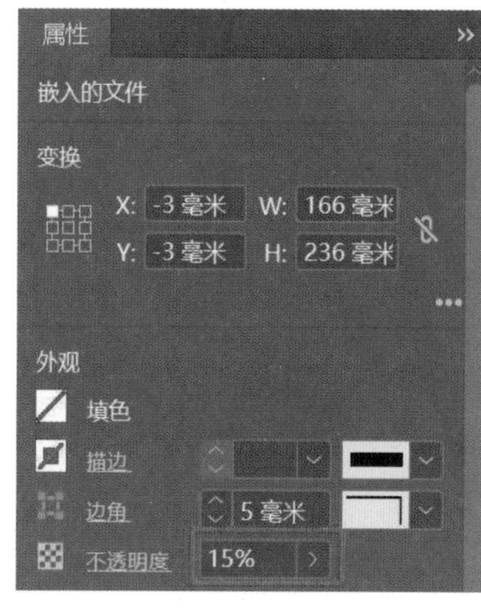

图 3-112

图 3-113

（4）执行菜单栏【文件】-【置入】命令，在页面上方置入素材“标志 .png”文件，并在属性面板上选择对齐页面 - 水平居中对齐，如图 3-114 所示。

（5）执行菜单栏【文件】-【置入】命令，在标志下方置入素材“2022.ai”文件，并在属性面板上选择对齐页面 - 水平居中对齐，如图 3-115 所示。

（6）执行菜单栏【文件】-【置入】命令，在标志下方置入素材“老虎剪纸 .ai”文件，并在属性面板上选择对齐页面 - 水平居中对齐，如图 3-116 所示。

图 3-114

图 3-115

图 3-116

（7）打开【色板】面板，单击右上角的快捷菜单按钮，执行【新建颜色色板】命令，在弹出的【新建颜色色板】对话框中设置颜色类型为印刷色，颜色模式为 CMYK（C=0 M=15 Y=45 K=0），单击【确定】按钮，如图 3-117 所示。

（8）打开“文字素材 .docx”文件，选中“壬寅年”文字，按 Ctrl+C 键复制文字，返回 Adobe InDesign CC 2019 软件，选择工具箱中的文字工具在“2022”与“老虎剪纸”中间框选出文本框后，在字符面板上选择字体为黑体，字体样式为 Regular，字号为 36 点，字符间距为 100，在段落中选择双齐末行居中对齐，在色板面板上选择颜色为浅黄色 (C=0 M=15 Y=45 K=0)，按 Ctrl+V 键粘贴文字，如图 3-118 所示。

（9）打开“文字素材 .docx”文件，选中“北京漫上家居股份有限公司 Beijing manshang home furnishing Co., Ltd”文字，按 Ctrl+C 键复制文字，返回 Adobe InDesign CC 2019 软件，选择工具箱中的文字工具在老虎剪纸下方框选出文本框后，在段落中选择双齐末行居中对齐，在色板面板上选择颜色为浅黄色（C=0 M=15 Y=45 K=0），按 Ctrl+V 键粘贴文字。

选中文字“北京漫上家居股份有限公司”，在字符面板上选择字体为黑体，字体样式为 Regular，字号为 18 点，字符间距改为 0。

选中文字“Beijing manshang home furnishing Co., Ltd”，在字符面板上将字号改为 11 点，如图 3-119 所示。

（10）按 Ctrl+A 全选所有封面内容，在【属性】面板中选择【对齐页面】-【水平居中对齐】，完成封面设计，如图 3-120 所示。完成后的效果如图 3-121 所示。

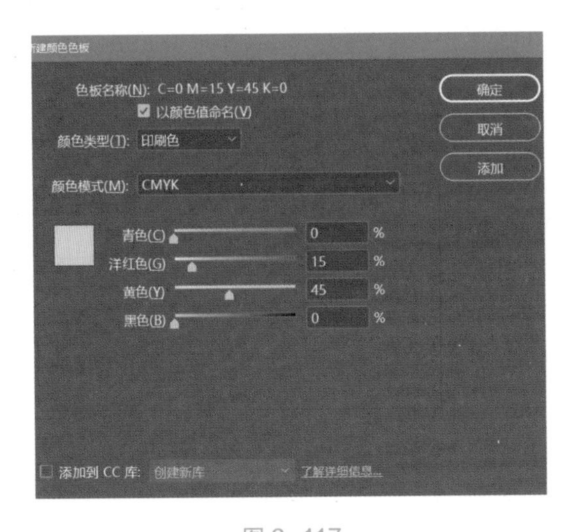

图 3-117

图 3-118

图 3-119

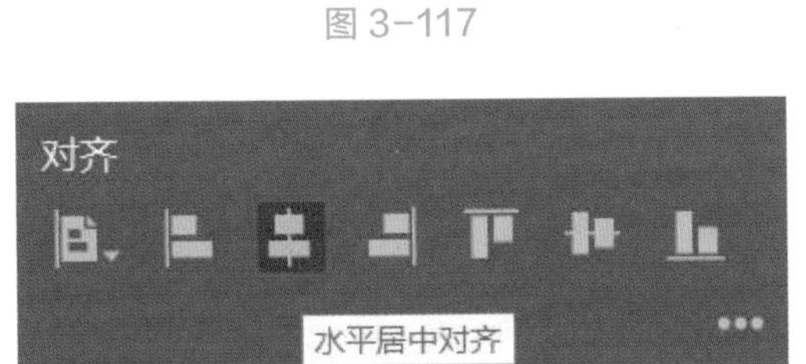

图 3-120

图 3-121

3. 绘制台历内页装饰纹样

（1）选择工具箱中的【矩形框架工具】，按住 Shift 键沿着文档边缘绘制一个 166 毫米 ×166 毫米的正方形，选中矩形框架，执行菜单栏【文件】-【置入】命令，置入素材“底部纹样 .png”文件，双击图形中圆形按钮进入编辑模式，按住 Shift 键等比例调整图片大小，使其放置在矩形框架的合适位置，在属性栏上将透明度调整为 10%，如图 3-122 所示。完成效果如图 3-123 所示。

（2）打开【色板】面板，单击右上角的快捷菜单按钮，执行【新建颜色色板】命令，在弹出的【新建颜色色板】对话框中设置颜色类型为印刷色，颜色模式为CMYK（C=0 M=10 Y=10 K=0），单击【确定】按钮，如图 3-124 所示。

（3）选择工具箱中的【椭圆框架工具】，绘制一个205 毫米 ×205 毫米的正圆形，在色板面板上选择颜色为粉色（C=0 M=10 Y=10 K=0），如图 3-125 所示。

选中矩形框架，执行菜单栏【文件】-【置入】命令，置入素材“纹样 1.png”文件，双击图形中圆形按钮进入编辑模式，按住 Shift 键等比例调整图片大小，使其放置在椭圆框架的合适位置。

选择椭圆框架，在属性面板中选择对齐页面 - 水平居中对齐，完成效果如图 3-126 所示。

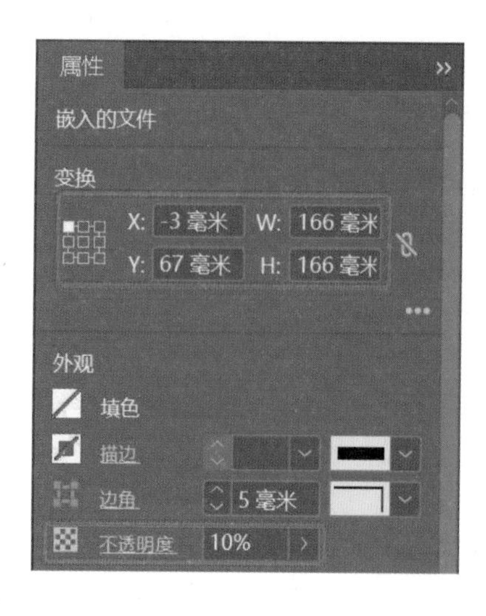

图 3-122

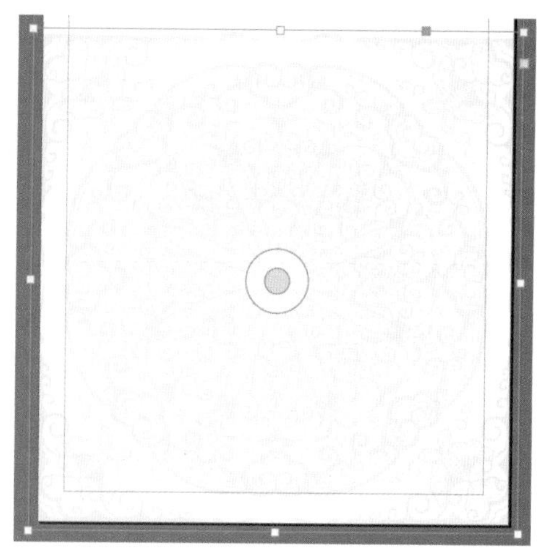

图 3-123

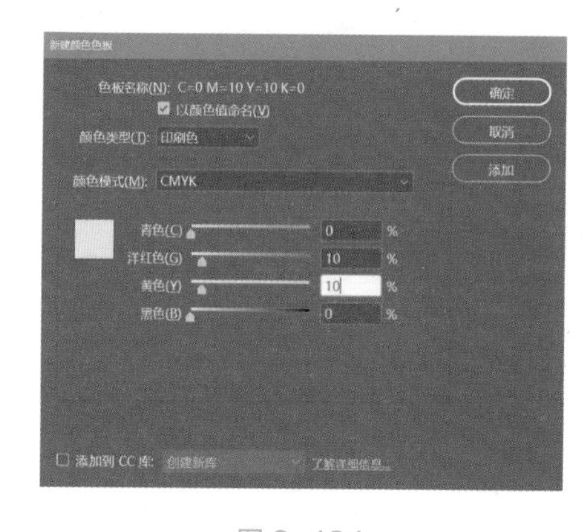

图 3-124

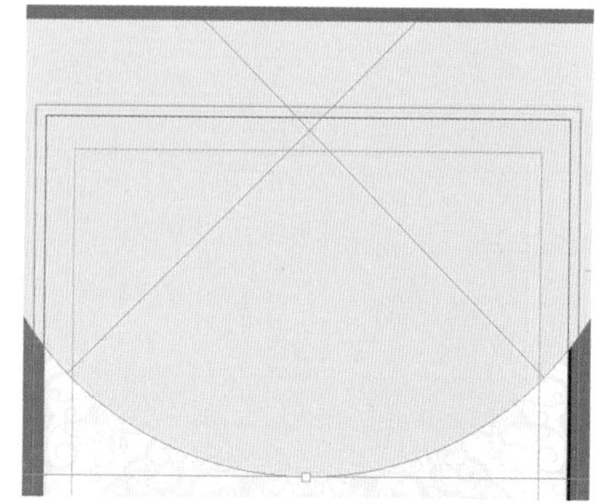

图 3-125

4. 制作一月台历

（1）执行菜单栏【编辑】-【首选项】-【剪贴板处理】命令，在弹出的【首选项】对话框中选择【粘贴 - 所有信息（索引标志符、色板、样式等）(I)】，如图 3-127 所示。

（2）打开素材“台历 .xlsx”文件，选中一月的台历表格，按 Ctrl+C 键复制文字，返回 Adobe InDesign CC 2019 软件，选择工具箱中的文字工具在纹样 1 下方框选出文本框后，按 Ctrl+V 键粘贴文字，如图 3-128 所示。

图 3-126

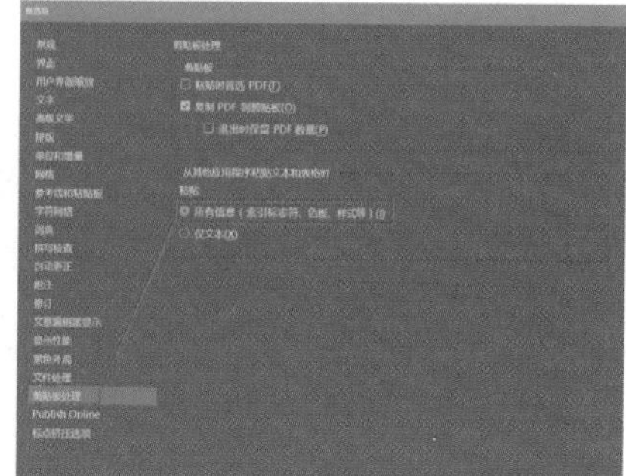

图 3-127

图 3-128

（2）选择工具箱中的【文字工具】T，选中复制的表格，执行菜单栏【窗口】-【文字和表】-【表】命令，在表面板中设置列宽为 20.2 毫米，如图 3-129 所示。

（3）打开【色板】面板，单击右上角的快捷菜单按钮，执行【新建颜色色板】命令，在弹出的【新建颜色色板】对话框中设置颜色类型为印刷色，颜色模式为 CMYK（C=15 M=100 Y=100 K=20），单击【确定】按钮，如图 3-130 所示。

（4）使用【文字工具】T选中表格首行，执行菜单栏【表】-【单元格选项】-【文本】，在【单元格选项】对话框中设置单元格内边距为 2 毫米，如图 3-131 所示。

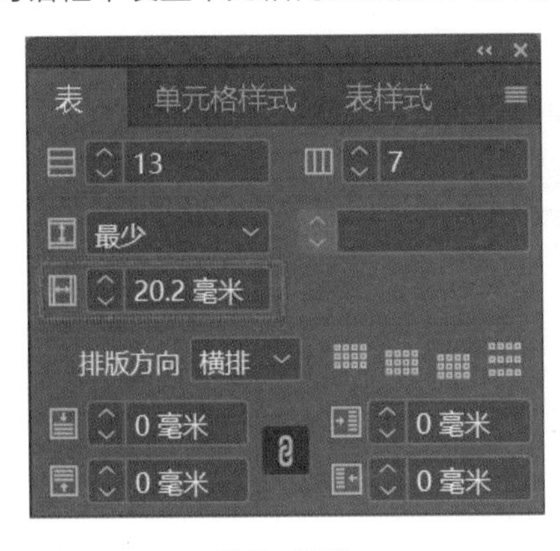

图 3-129

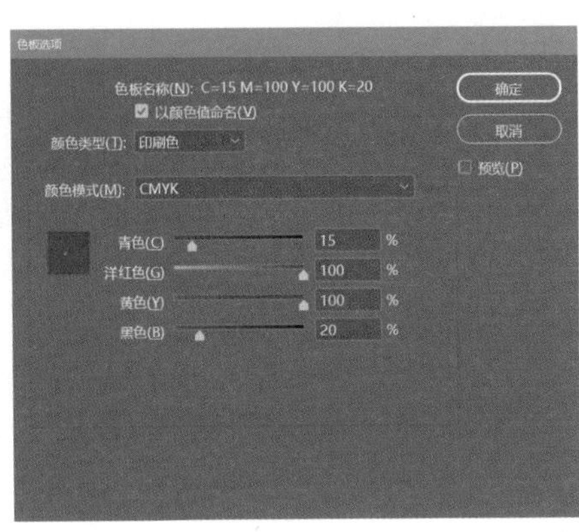
图 3-130

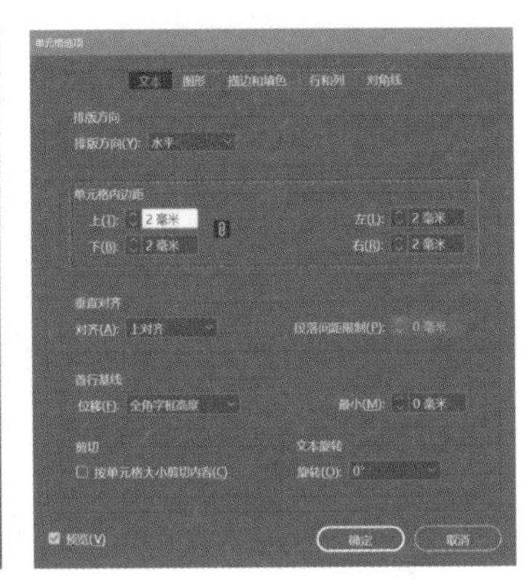
图 3-131

执行菜单栏【窗口】-【文字和表】-【字符】命令，在字符面板上选择字体为黑体，字体样式为 Regular，字号为 15 点，在色板面板上选择表格颜色为暗红色（C=15 M=100 Y=100 K=20），如图 3-132 所示。

（5）使用文字工具全部选中表格，在工具栏上将外边框激活，设置描边粗细为 3 点，描边颜色为暗红色（C=15 M=100 Y=100 K=20），描边样式为“粗 - 细”，如图 3-133 所示。表格外边框效果如图 3-134 所示。

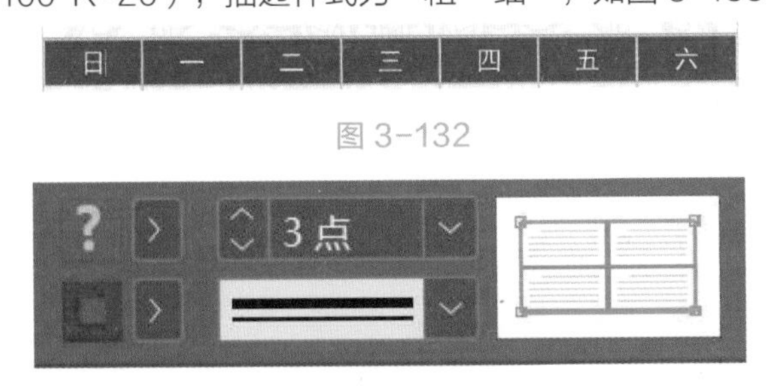

图 3-132

图 3-133

图 3-134

（6）打开【色板】面板，单击右上角的快捷菜单按钮，执行【新建颜色色板】命令，在弹出的【新建颜色色板】对话框中设置颜色类型为印刷色，颜色模式为 CMYK（C=0 M=0 Y=0 K=20），单击【确定】按钮，如图 3-135 所示。

在工具栏上将内框激活，设置描边粗细为 2 点，描边颜色为浅灰色（C=0 M=0 Y=0 K=20），描边样式为实底，如图 3-136 所示。表格内边框效果如图 3-137 所示。

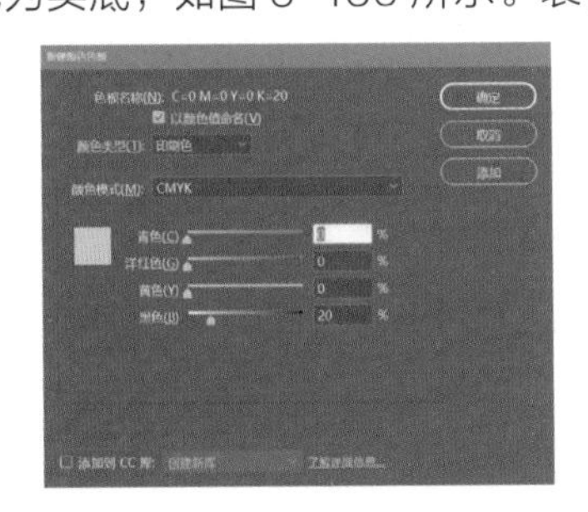
图 3-135

图 3-136

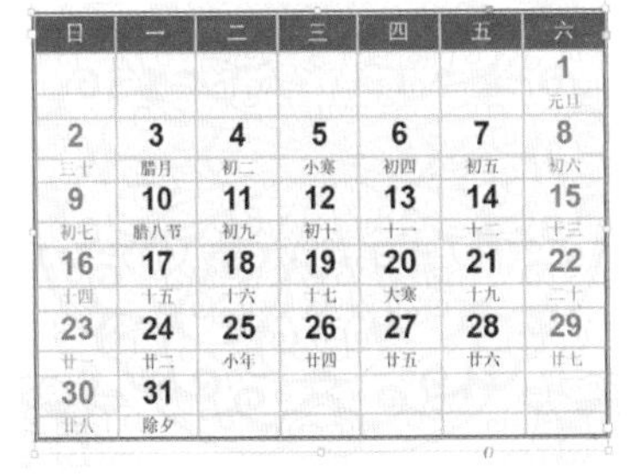
图 3-137

（7）使用文字工具分别选中表前后空白单元格，执行菜单栏【表】-【合并单元格】命令，效果如图 3-138 所示。

（8）使用文字工具选中表格中的“1/ 元旦”两个单元格，在工具栏上将间隔线激活，设置描边粗细为 0 点，如图 3-139 所示。完成间隔线设置，效果如图 3-140 所示。

使用文字工具，分别选中表格中的第四行和第五行，完成间隔线设置，在工具栏上将间隔线激活，设置描边粗细为 0 点。使用同样的方法设置所有间隔线，完成效果如图 3-141 所示。

日	一	二	三	四	五	六
						1 元旦
2 三十	3 腊月	4 初二	5 小寒	6 初四	7 初五	8 初六
9 初七	10 腊八节	11 初九	12 初十	13 十一	14 十二	15 十三
16 十四	17 十五	18 十六	19 十七	20 大寒	21 十九	22 二十
23 廿一	24 廿二	25 小年	26 廿四	27 廿五	28 廿六	29 廿七
30 廿八	31 除夕					

图 3-138

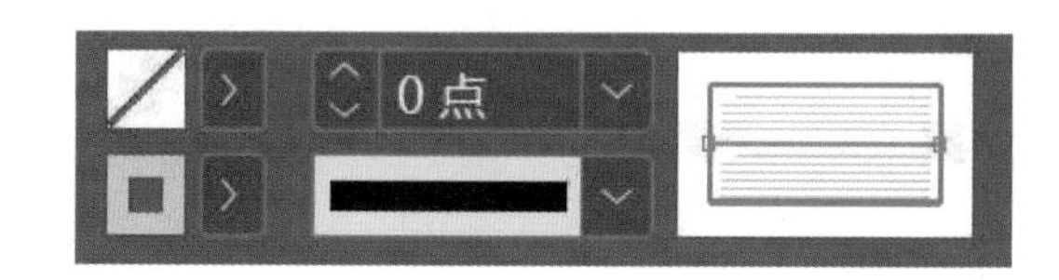

图 3-139

日	一	二	三	四	五	六
						1 元旦
2 三十	3 腊月	4 初二	5 小寒	6 初四	7 初五	8 初六
9 初七	10 腊八节	11 初九	12 初十	13 十一	14 十二	15 十三
16 十四	17 十五	18 十六	19 十七	20 大寒	21 十九	22 二十
23 廿一	24 廿二	25 小年	26 廿四	27 廿五	28 廿六	29 廿七
30 廿八	31 除夕					

图 3-140

日	一	二	三	四	五	六
						1 元旦
2 三十	3 腊月	4 初二	5 小寒	6 初四	7 初五	8 初六
9 初七	10 腊八节	11 初九	12 初十	13 十一	14 十二	15 十三
16 十四	17 十五	18 十六	19 十七	20 大寒	21 十九	22 二十
23 廿一	24 廿二	25 小年	26 廿四	27 廿五	28 廿六	29 廿七
30 廿八	31 除夕					

图 3-141

（9）打开“文字素材 .docx”文件，选中“壬寅年 rČn yĔn ni· n”文字，按 Ctrl+C 键复制文字，返回 Adobe InDesign CC 2019 软件，选择工具箱中的文字工具在纹样 1 与表格中间右侧框选出文本框后，按 Ctrl+V 键粘贴文字。

选中“壬寅年”文字，在字符面板上选择字体为黑体，字体样式为 Regular，字号为 22 点，字符间距为 100，在段落中选择双齐末行居中对齐，在色板面板上选择颜色为暗红色（C=15 M=100 Y=100 K=20）。

选中“rČn yĔn ni· n”文字，在字符面板上选择字体为黑体，字体样式为 Arial，字号为 12 点，字符间距为 0，在段落中选择双齐末行居中对齐，如图 3-142 所示。

图 3-142

（10）执行菜单栏【窗口】-【样式】-【段落样式】命令，弹出【段落样式】面板，单击面板右上角的快捷菜单按钮，打开【新建段落样式】对话框，样式名称为“月份中文”，在基本字符格式中设置字体系列为黑体，字体样式为 Regular，字号为 36 点，字符间距为 100，如图 3-143 所示。

在【缩进与间距】中设置对齐方式为“双齐末行居中”，如图 3-144 所示。

在字符颜色中设置字符颜色为暗红色（C=15 M=100 Y=100 K=20），单击【确定】按钮，完成设置，如图 3-145 所示。

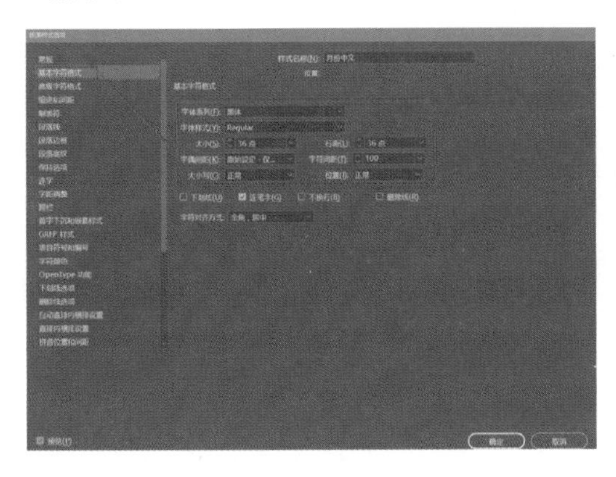

图 3-143

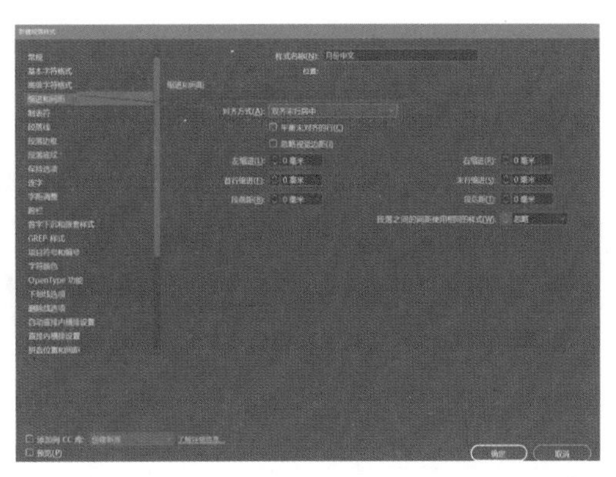

图 3-144

（11）执行菜单栏【窗口】-【样式】-【段落样式】命令，弹出【段落样式】面板，单击面板右上角的快捷菜单按钮，打开【新建段落样式】对话框，样式名称为“月份英文”，在基本字符格式中设置字体系列为 Arial，字体样式为 Regular，字号为 14 点，如图 3-146 所示。

在字符颜色中设置字符颜色为黑色，单击【确定】按钮完成设置，如图 3-147 所示。

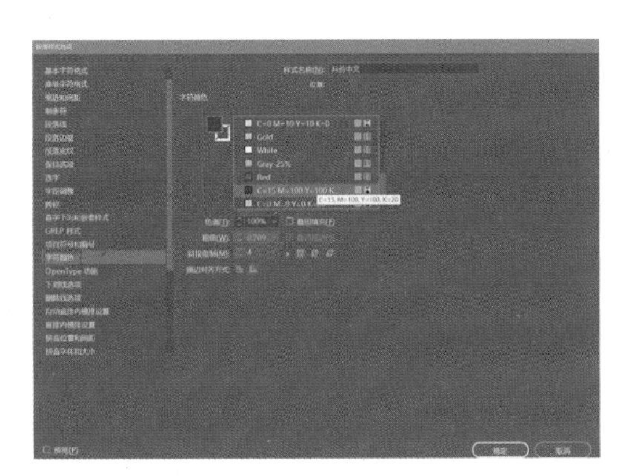

图 3-145

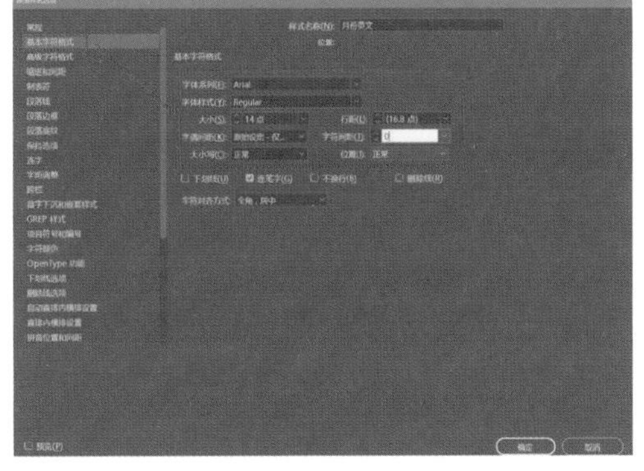

图 3-146

（12）打开“文字素材 .docx”文件，选中“一月 January”文字，按 Ctrl+C 键复制文字，返回 Adobe InDesign CC 2019 软件，选择工具箱中的【文字工具】 在纹样 1 与表格中间左侧框选出文本框后，按 Ctrl+V 键粘贴文字。

选中文字“一月”，点击段落样式中的“月份中文”；选中文字“January”，点击段落样式中的“月份英文”完成月份文字编辑，效果如图 3-148 所示。

5. 制作二月台历

参照上述过程，完成二月台历制作，效果图如图 3-149 所示。

6. 存储文件

执行菜单栏【文件】-【存储】命令，在弹出的【存储为】对话框中选择文件存储位置，单击【保存】按钮，如图 3-150 所示，完成台历制作。

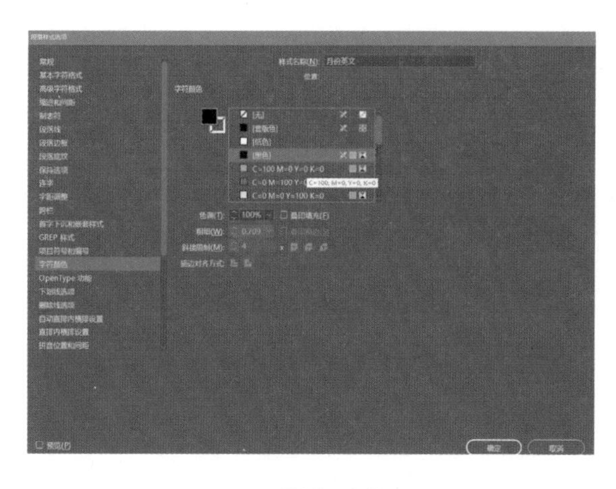

图 3-147

图 3-148

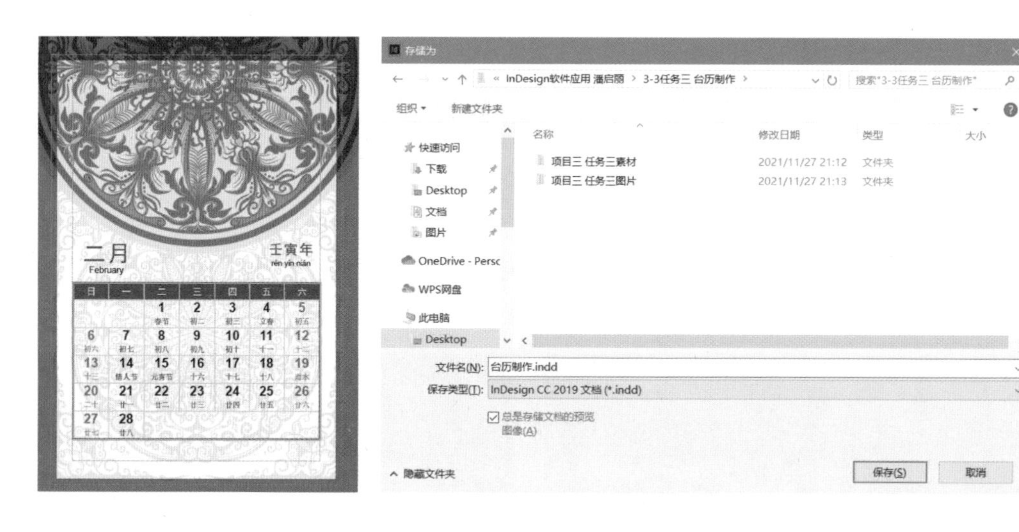

图 3-149

图 3-150

四、学习任务小结

本次任务主要学习了运用 Adobe InDesign CC 2019 软件中的图表制作功能制作台历的方法。同学们了解了台历设计与制作的基本要求和步骤。课后，同学们要针对本次课所学技能进行反复练习，做到熟能生巧，提高利用 Adobe InDesign CC 2019 软件绘制的效率。

五、课后作业

题目：北京漫上家居股份有限公司台历制作（三月至十二月的台历页面）。

要求：

（1）设计美观大方，实用性强。企业提供电子素材，设计者使用提供图片制作一套休闲台历。

（2）台历尺寸为 230 毫米 ×160 毫米，台历样品已通过北京漫上家居股份有限公司审核，现要求将台历剩余十个月份全部制作完成。

（3）制作完成后存储为 InDesign（*.indd）格式，并导出 PDF（*.pdf）格式。

学习任务一　网页设计

学习任务二　杂志内页设计

学习任务三　目录设置

网页设计

教学目标

（1）专业能力：了解网页设计的常用页面大小，能够运用 Adobe InDesign CC 2019 软件设计制作静态网页版面。

（2）社会能力：了解不同网页的设计风格和特征。

（3）方法能力：具备电脑操作能力、资料整理和归纳能力，沟通和表达能力。

学习目标

（1）知识目标：了解 Adobe InDesign CC 2019 软件编排页面的方法。

（2）技能目标：能运用 Adobe InDesign CC 2019 软件设计制作静态网页页面。

（3）素质目标：具备一定的版面设计能力和艺术审美能力。

教学建议

1. 教师活动

（1）教师讲解网页版面布局设计的特点和注意事项，提高学生对网页版面布局设计的认识。同时，运用多媒体课件、示范操作等多种教学手段讲解网页页面的设置方法，并分析网页版面设计要点，指导学生运用软件进行静态网页版面设计制作。

（2）将静态网页版面布局设计的要点融入课堂教学，引导学生结合软件特点进行静态网页版面布局设计。

2. 学生活动

（1）认真观看老师示范操作，并在教师的指导下完成静态网页版面设计练习操作。

（2）上网浏览自己喜爱的网页，观察各网页的版面布局特点，积极参与课堂讨论，提高自主学习的能力。

一、学习问题导入

各位同学，大家好！本次课我们一起来学习如何运用 Adobe InDesign CC 2019 软件进行网页设计，并掌握设置不同页面的操作方法，字符面板的设置方法，置入图片进行效果设置的方法。本次课要求大家在进行网页设计的时候要了解版面设计原则，为以后在使用 Adobe InDesign CC 2019 软件进行页面布局设计打下良好的基础。

二、学习任务讲解

（一）案例知识要点

1. 版面基本布局

（1）文档窗口。

选择菜单栏【文件】-【新建】-【文档】命令，单击【边距和分栏】按钮，新建一个页面，如图 4-1 所示。

页面的结构性区域由不同颜色标出：黑线标明了跨页中每个页面的尺寸；围绕页面外的红色线代表出血区域；围绕页面外的蓝色线代表辅助信息区域；品红色的线是边空线（或称版心线）；紫色线是分栏线；其他颜色的线条是辅助线。当辅助线出现时，在被选取的情况下，辅助线的颜色显示为所在图层的颜色。

选择菜单栏【编辑】-【首选项】-【参考线和粘贴板】命令，弹出【首选项】对话框，如图 4-2 所示。

可以设置页边距和分栏参考线的颜色，以及粘贴板上出血和辅助信息区域参考线的颜色。还可以就对象需要距离参考线多近才能靠齐参考线、参考线显示在对象之前还是之后以及粘贴板的大小进行设置。

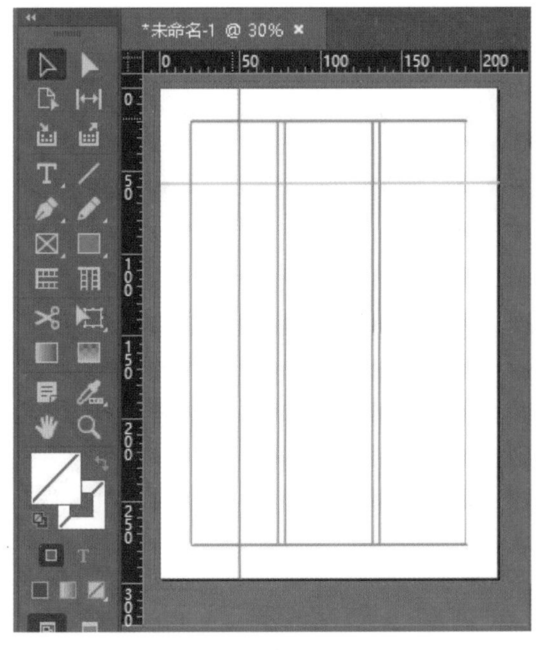

图 4-1

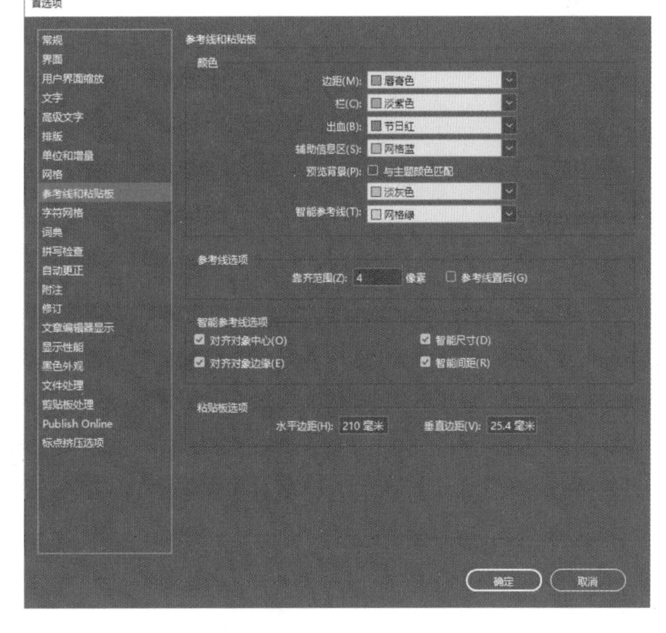

图 4-2

（2）更改文档设置。

选择菜单栏【文件】-【文档设置】命令，弹出【文档设置】对话框，单击【出血和辅助信息区】左侧的按钮，如图 4-3 所示。指定文档选项，单击【确定】按钮即可更改文档设置。

（3）更改页边距和分栏。

在【页面】面板中选择要修改的跨页或页面，选择菜单栏【版面】-【边距和分栏】命令，弹出【边距和分栏】对话框，如图 4-4 所示。

【边距】选项组：指定边距参考到页面各个边缘之间的距离。

【分栏】选项组：在“栏数”选项中输入要在边距参考线内创建的分栏的数目；在“栏间距”选项中输入栏间的宽度值。

【排版方向】选项：选择“水平”或“垂直”来指定栏的方向，还可设置文档基线网格的排版方向。

（4）创建不相等栏宽。

在【页面】面板中选择要修改的跨页或页面，如图 4-5 所示。选择菜单栏【视图】-【网格和参考线】-【锁定参考线】命令，取消【解除栏参考线的锁定】勾选项。选择工具箱【选择工具】，选取需要移动的参考线，按住鼠标左键拖曳到适当的位置，如图 4-6 所示。松开鼠标后效果如图 4-7 所示。

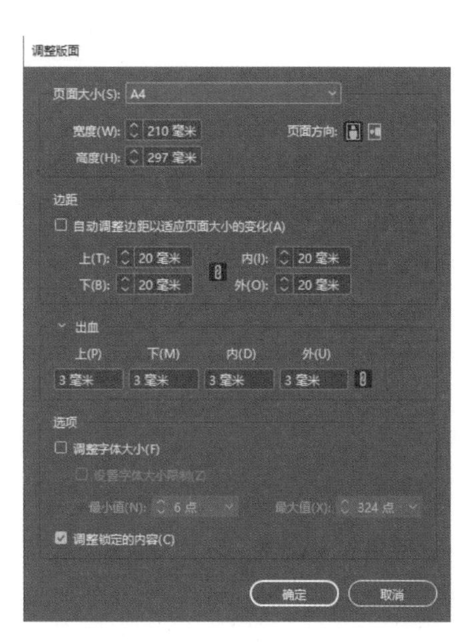

图 4-3

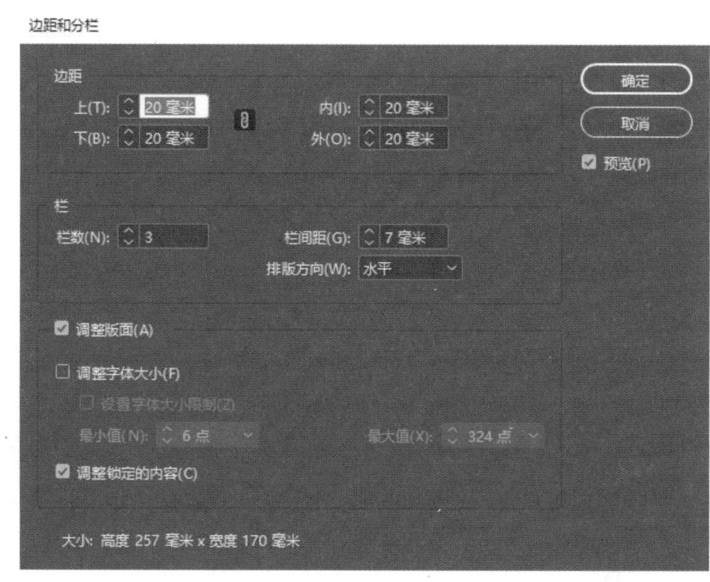

图 4-4

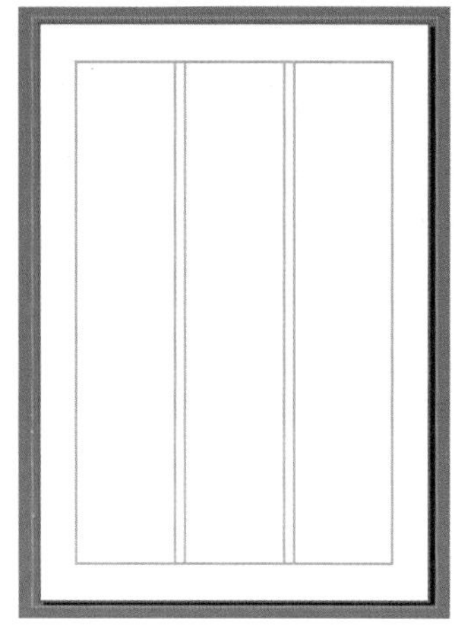

图 4-5

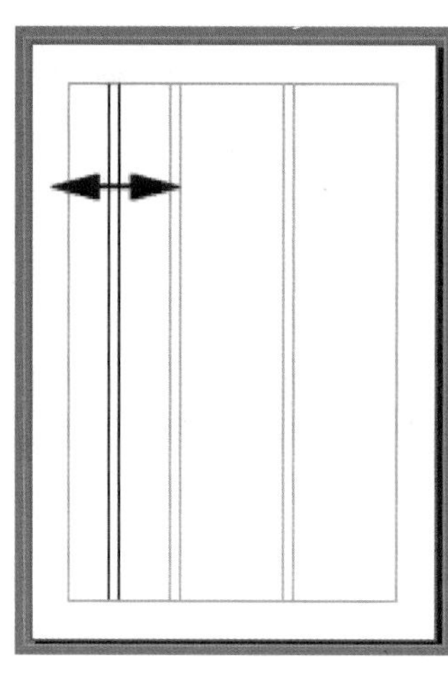

图 4-6

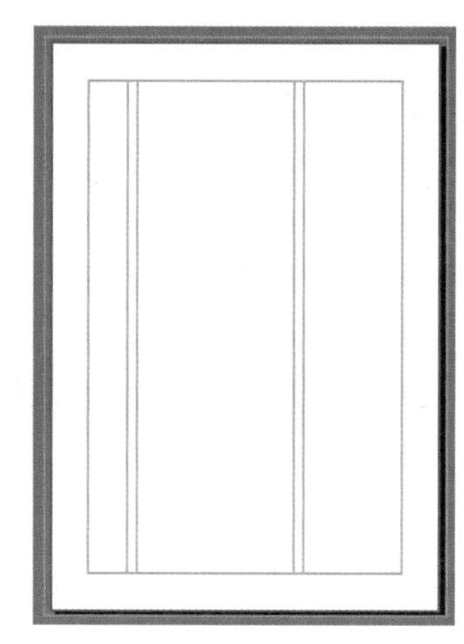

图 4-7

2. 版面精确布局

（1）标尺和度量单位。

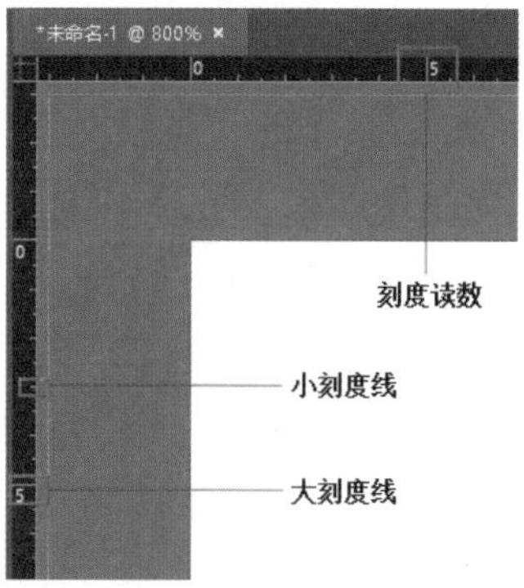

标尺单位可以为水平标尺和垂直标尺设置不同的度量系统。为水平标尺选择的系统将控制制表符、边距、缩进和其他度量。标尺的默认度量单位是毫米，如图 4-8 所示。

图 4-8

度量单位可以为屏幕上的标尺及面板和对话框设置度量单位。选择菜单栏【编辑】-【首选项】-【单位和增量】命令，弹出【首选项】对话框，如图 4-9 所示。设置需要的度量单位，单击【确定】按钮即可。

在标尺上单击鼠标右键，在弹出的快捷菜单中选择单位来更改标尺单位。在水平标尺和垂直标尺的交叉点单击鼠标右键，可以为两个标尺更改标尺单位。

（2）网格。

选择菜单栏【视图】-【网格和参考线】-【显示或隐藏文档网格】命令，可显示或隐藏文档网格。

选择菜单栏【编辑】-【首选项】-【网格】命令，弹出【首选项】对话框，如图 4-10 所示，设置需要的网格选项，单击【确定】按钮即可。

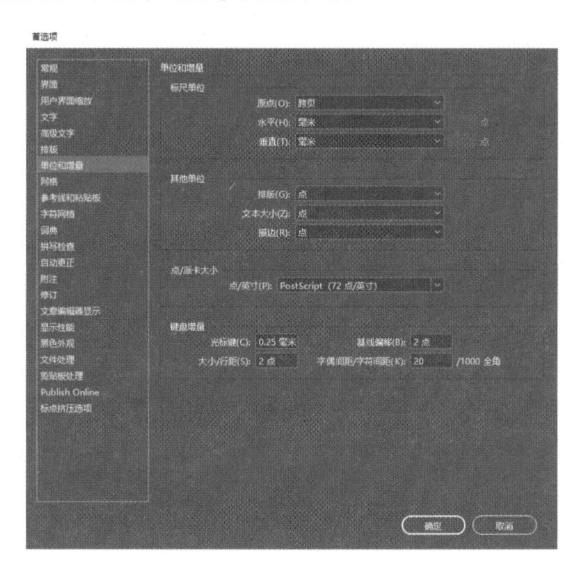

图 4-9

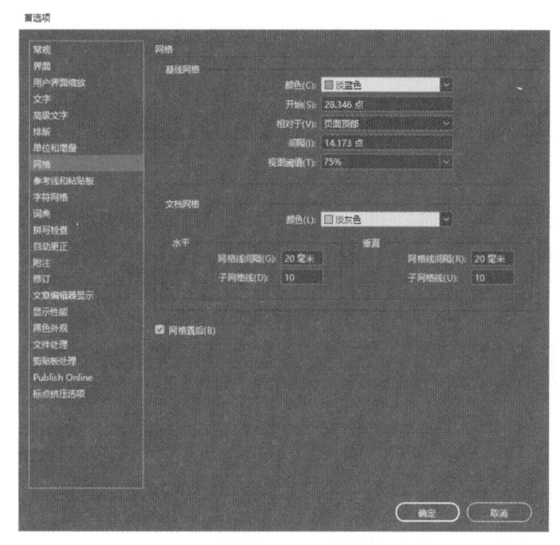

图 4-10

选择菜单栏【视图】-【网格和参考线】-【靠齐文档网格】命令，将对象拖向网格，对象的一角将与网格 4 个角点中的一个靠齐，可靠齐文档网格中的对象。按住 Ctrl 键的同时可以靠齐网格网眼的 9 个特殊位置。

（3）标尺参考线。

将鼠标定位到水平（或垂直）标尺上，如图 4-11 所示。单击鼠标左键并按住不放拖曳到目标跨页上需要的位置，松开鼠标左键，创建标尺参考线，如图 4-12 所示。如果将参考线拖曳到粘贴板上，它将跨越该粘贴板和跨页，如图 4-13 所示。如果将它拖曳在页面上，将变为页面参考线。

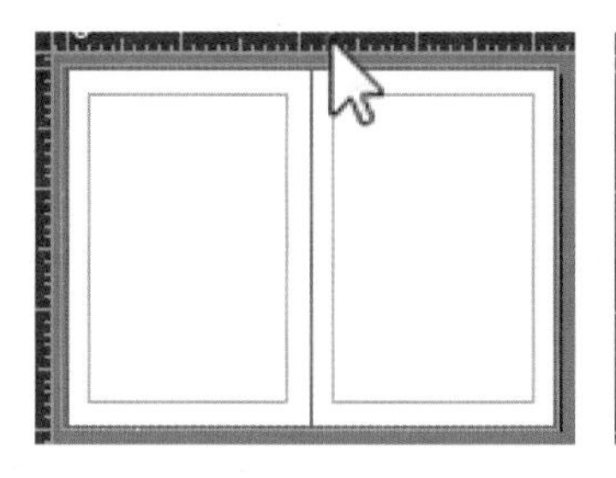

图 4-11

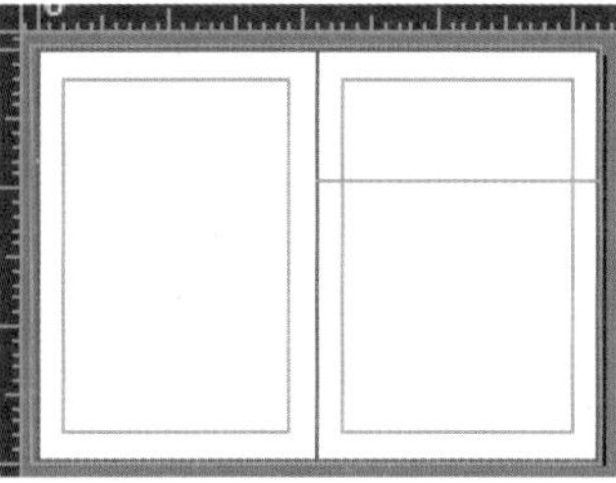

图 4-12

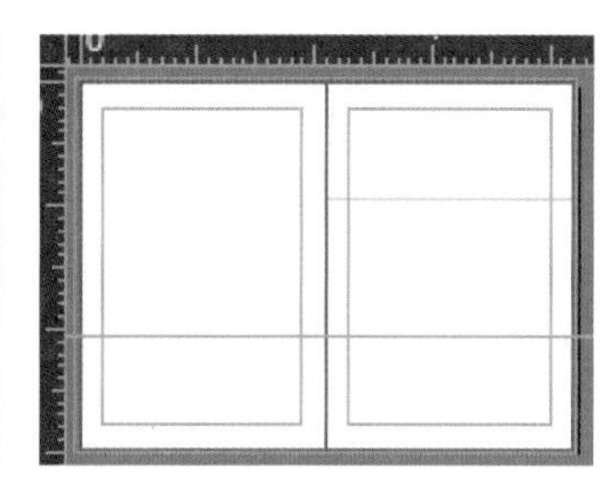

图 4-13

按住 Ctrl 键的同时，从水平（或垂直）标尺拖曳到目标跨页，可以在粘贴板不可见时创建跨页参考线。双击水平标尺或垂直标尺上的特定位置，可在不拖曳的情况下创建跨页参考线。如果要将参考线与最近的刻度线对齐，在双击标尺时按住 Shift 键。

选择菜单栏【版面】-【创建参考线】命令，弹出【创建参考线】对话框，如图 4-14 所示。

参数含义如下。

【行数】和【栏数】选项：指定要创建的行或栏的数目。

【行间距】和【栏间距】选项：指定行或栏的间距。

创建的栏在置入文本文件时不能控制文本排列。

在【参考线适合】选项中，勾选【边距】选项在页边距内的版心区域创建参考线；勾选【页面】选项在页面边缘内创建参考线。

【移去现有标尺参考线】选框：删除全部现有参考线（包括锁定或隐藏图层上的参考线）。

设置需要相应参数，如图 4-15 所示。单击【确定】按钮，效果如图 4-16 所示。

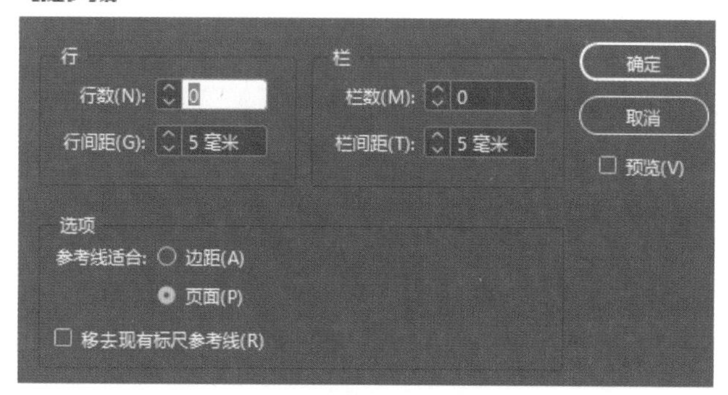

图 4-14

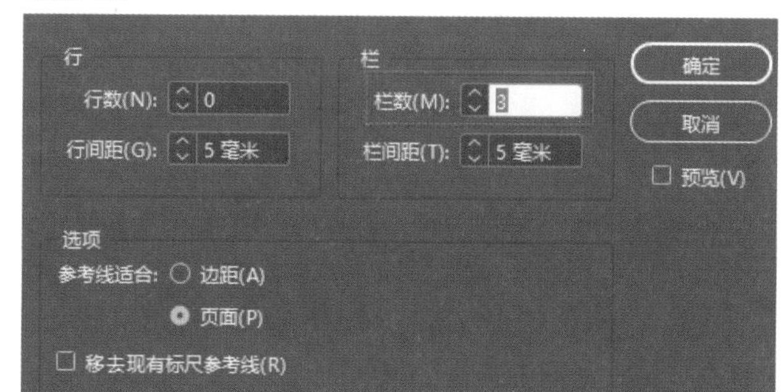

图 4-15

选择菜单栏【视图】-【网格和参考线】-【显示或隐藏参考线】命令，可显示或隐藏所有边距、栏和标尺参考线。选择菜单栏【视图】-【网格和参考】-【锁定参考线】命令，可锁定参考线。

按 Ctrl+Alt+G 组合键，选择目标跨页上的所有标尺参考线。选择一个或多个标尺参考线，按 Delete 键删除参考线。也可以拖曳标尺参考线到标尺上，将其删除。

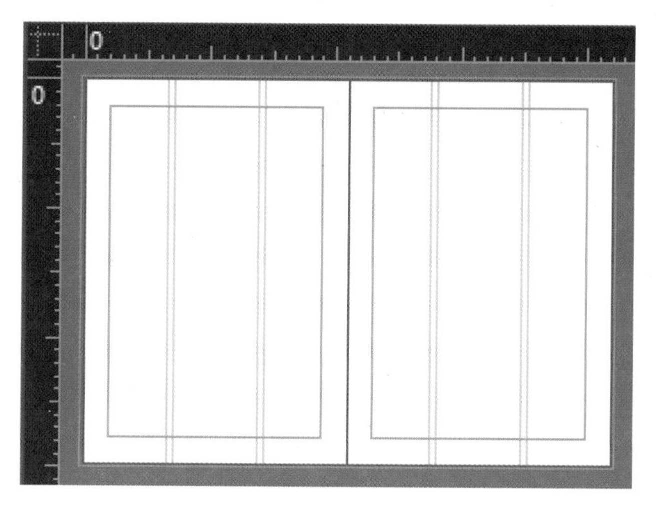

图 4-16

3. 页面、跨页和主页

页面是指书籍或其他阅读类出版物中每页的图文设置或书写状态，在 Adobe InDesign CC 2019 中用于承载版式中图形、图像、文字等内容，如图 4-17 所示。

跨页是将图文放大并横跨两个版面，以水平排列方式使整个版面看起来更加宽阔，如图 4-18 所示。

主页的功能类似于模板，可以在编排文件的过程中将想要在每页重复的内容集中进行管理，再通

图 4-17

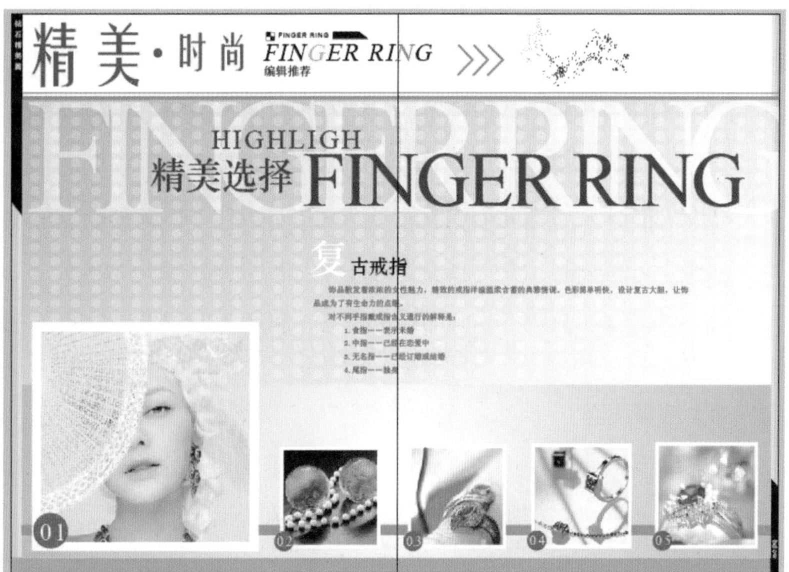

图 4-18

过为页面赋予主页的方式快捷地使其他页面具有主页的属性，如图 4-19 所示为页面所使用的主页。默认情况下，创建的任何文档都有一个主页。可以从零开始创建其他主页，也可以利用现有主页或文档页面进行创建。将主页应用于其他页面后，对源主页所做的任何更改都会自动反映到所有基于它的主页和文档页面中。这是一种对文档中的多个页面进行版面更改的简便方法。

（1）“页面”面板。

在页面中选择菜单栏【窗口】-【页面】命令，或使用快捷键 F12 打开【页面】面板，如图 4-20 所示。

图 4-19

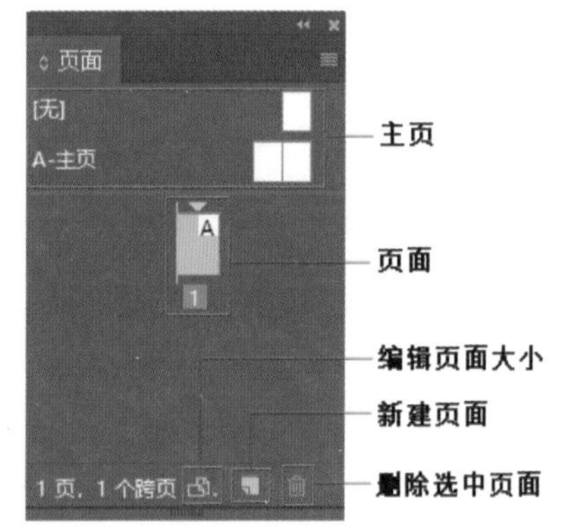

图 4-20

其中：编辑页面大小，单击该按钮可以对页面大小进行编辑；新建页面，单击该按钮可以新建一个页面；删除选中页面，选择页面并单击该按钮，可以将选中的页面删除。

（2）更改页面显示。

页面面板中提供了关于页面、跨页和主页的相关相息，以及对于它们的控制。默认情况下，页面面板只显示每个页面内容的缩略图。

打开【页面】面板，在【页面】菜单中选择【面板选项】命令，此时弹出【面板选项】对话框，具体参数设置如图 4-21 所示。

【页面】和【主页】：这两组参数完全相同，主要用于设置页面缩览图显示方式。在【大小】下拉列表框中可以为页面和主页选择一种图标大小。选中【垂直显示】复选框可在一个垂直列中显示跨页，取消选中此复选框可以使跨页并排显示。选中【显示缩览图】复选框可显示每一页面或主页的内容缩览图。

【图标】：在图标组中可以对【透明度】【跨页旋转】与【页面过渡效果】进行设置。

【面板版面】：设置面板版面显示方式，可以在【页面在上】与【主页在上】之间进行选择。

【调整大小】：可以在【调整大小】下拉列表中选择一个选项。选择【按比例】选项，要同时调整面板的页面和主页的大小。选择【页面固定】选项，要保持页面大小不变而只调整主页大小。选择【主页固定】选项，要保持主页部分大小不变，只调整页面的大小。

（3）选择页面。

可以选择页面或跨页，或者确定目标页面或跨页，具体取决于所执行的任务。有些命令会影响当前选定的页面或跨页，而其他命令则影响目标页面或跨页。

打开【页面】面板，在页面缩览图上单击，页面缩览图为蓝色，表示该页面为选中状态，如图 4-22 所示。

若要选择某一跨页，双击位于跨页图标下方的页码，如图 4-23 所示为选中跨页。

按住 Shift 键，在其他页面上单击，可以将两个页码之间所有的页面选中，如图 4-24 所示为选中连续页面。

按住 Ctrl 键，在其他页面缩览图上单击，可以选中不相邻的页面，如图 4-25 所示。

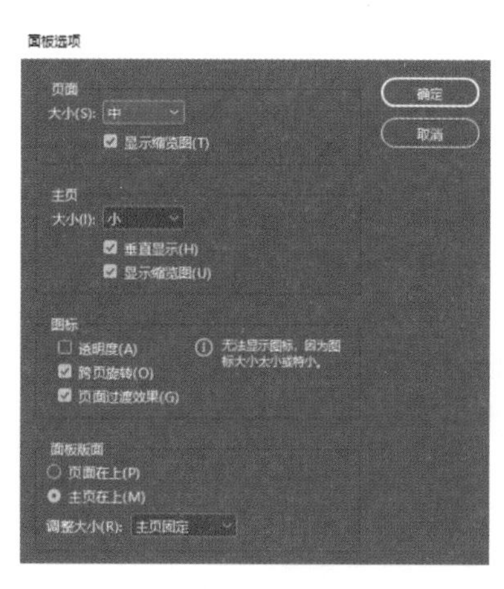

图 4-21

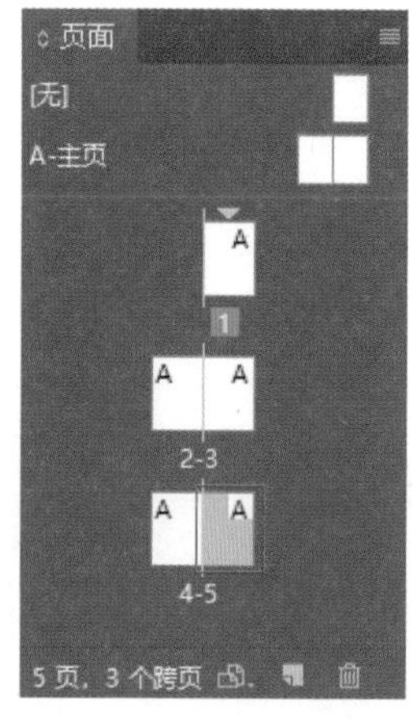

图 4-22

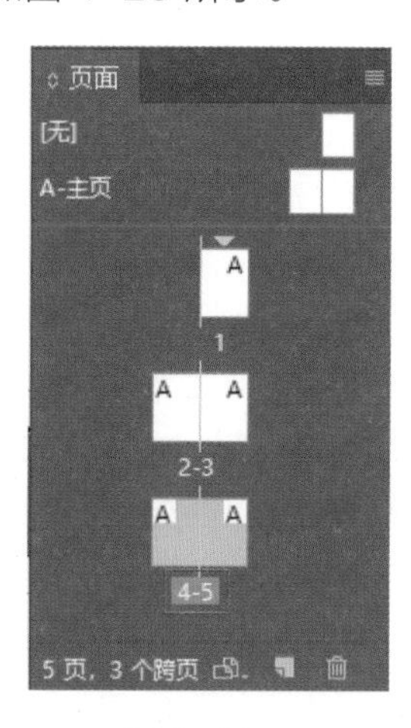

图 4-23

（4）创建多个页面 。

要将某一页面添加到活动页面或跨页之后，单击【页面】面板中的【新建页面】按钮 ，或选择菜单栏【版面】-【页面】-【添加页面】命令，新页面将与现有的活动页面使用相同的主页，如图 4-26 所示为新建页面。

若要添加页面并指定文档主页，从【页面】面板右侧子菜单中选择【插入页面】命令，或选择菜单栏【版面】-【页面】-【添加页面】命令，新页面将与现有的活动页面使用相同的主页，如图 4-27 所示为插入页面。

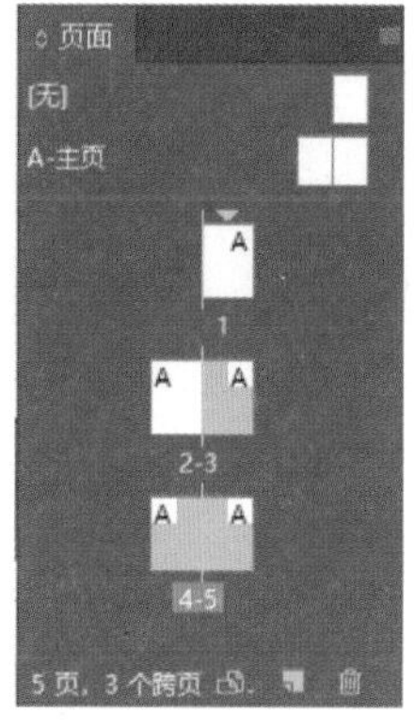

图 4-24

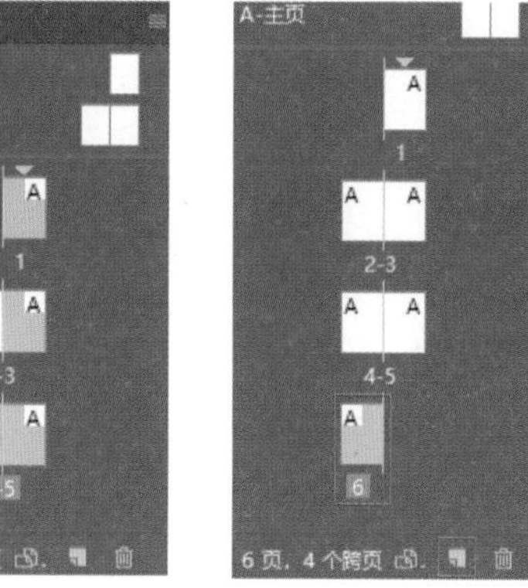

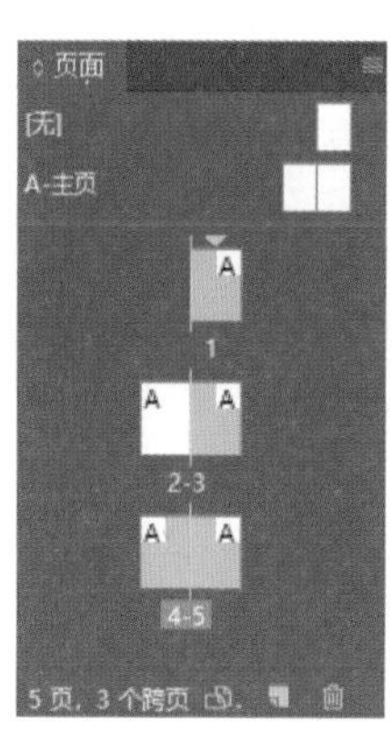

图 4-25

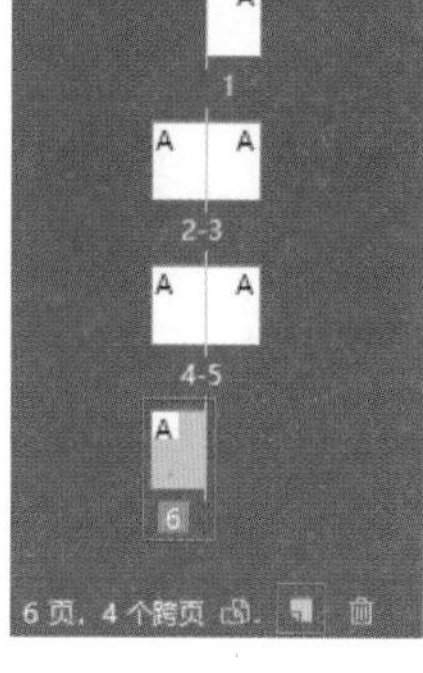

图 4-26

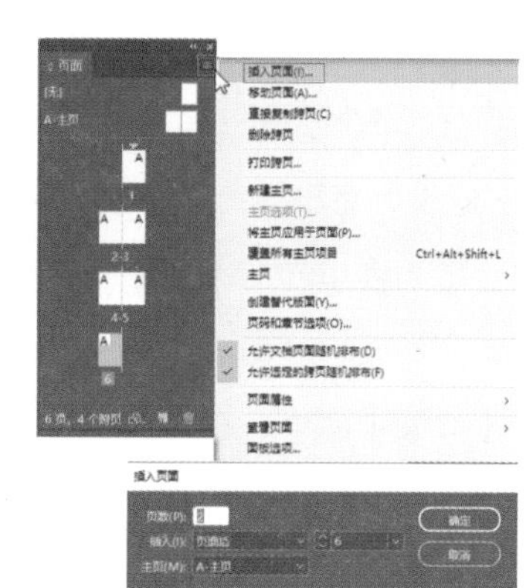

图 4-27

（5）控制跨页分页。

大多数文档都只使用两页跨页。当在某一跨页之前添加或删除页面时，默认情况下页面将随机排布。但是，可能需要将某些页面一起保留在跨页中。

若要保留单个跨页，在【页面】面板中选定跨页，然后在【页面】面板菜单中取消选择【允许文档页面随机排布】命令，如图 4-28 所示为取消【允许文档页面随机排布】。

使用【插入页面】命令在某一跨页中间插入一个新页面或在【页面】面板中将某个现有页面拖动到跨页中，可将页面添加到选定跨页中。要拖动整个跨页，可拖动其页码，如图 4-29 所示为拖动跨页至目标页面的前后效果。

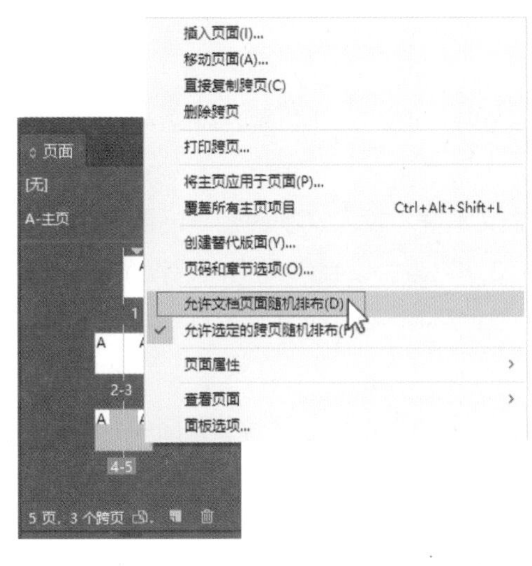

图 4-28

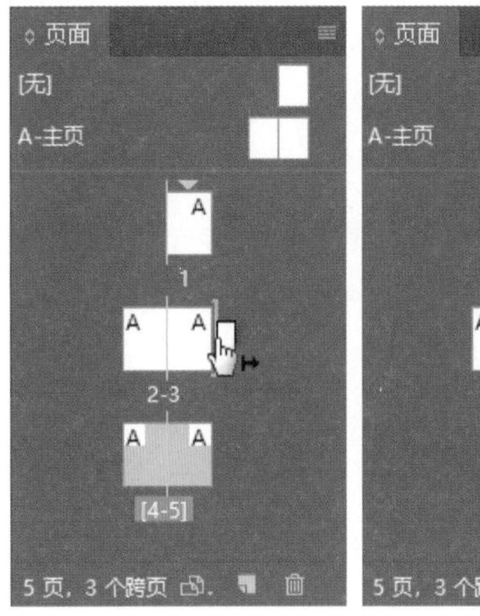

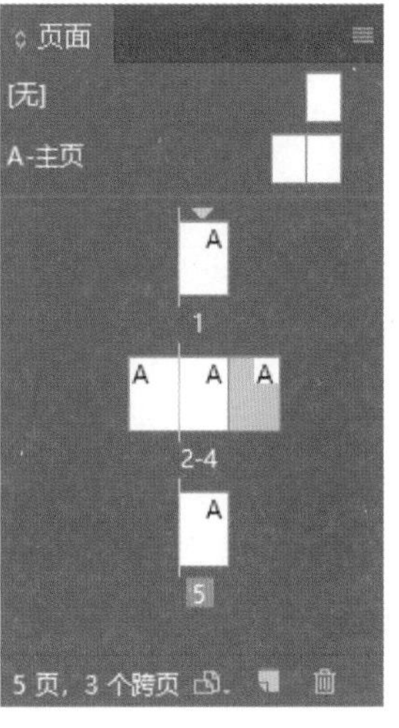

图 4-29

（二）实训任务

本案例是以“这个夏天，我们一起去旅行”为主题的网页。在设计制作过程中，选用的旅游景点的图片很贴合主题设计，能很好地引导读者阅读网页内容，整体风格简洁大方。本案例设计的效果如图 4-30 所示。

1. 页面设置

（1）选择菜单栏【文件】-【新建】-【文档】命令，设置“页面大小”为 1024 毫米 ×768 毫米，不勾选对页，如图 4-31 所示，单击【边距和分栏】按钮，在对话框中设置上、下、左、右的边距为 55px，如图 4-32 所示，单击【确定】按钮，完成新文件设置，如图 4-33 所示为新建空白页面。

图 4-30

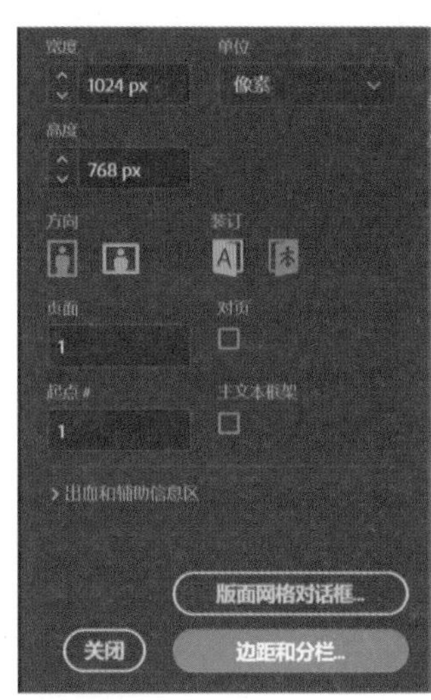

图 4-31

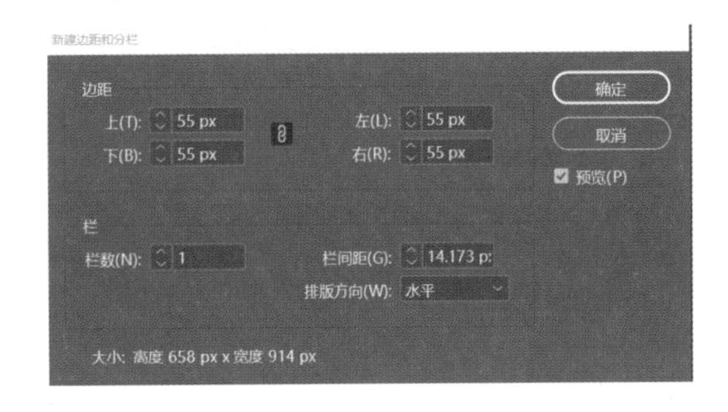

图 4-32

图 4-33

2. 网页页面设计制作

（1）选择菜单栏【文件】-【置入】命令，置入素材“巴厘岛 .jpg”“边框上 .png”“边框下 .png”图片至主页中，如图 4-34 所示。

（2）工具箱选择【文字工具】，在页面左上角拖曳一个文本框，输入文字内容，设置字体为黑体，字号 16px，网址的字体为 Arial，字号为 12px，页面右上角输入文字内容，设置字体为微软雅黑，字号为 14px，填充颜色，色值从左到右依次为 C=10 M=31 Y=88 K=0、C=19 M=71 Y=100 K=0、C=56 M=33 Y=61 K=0，如图 4-35 所示。

（3）置入素材“亭子 .png”“椅子 .png”“瓶子 .png”“木牌 .png”图片至页面中，旋转木牌角度，如图 4-36 所示。

图 4-34

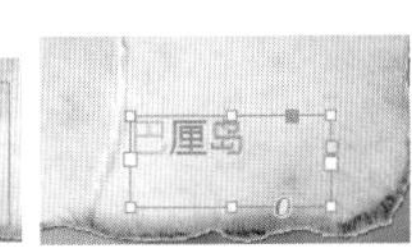

图 4-35

图 4-36

（4）拖曳文本框，输入文字内容，设置中文字体为华文行楷，字号为 32px，填充白色，如图 4-37 所示。

（5）置入【素材】-【文字 1.txt】至页面中，设置字体为微软雅黑，字体为 14px，行距为 24 点，如图 4-38 所示，并旋转文字角度。

（6）单击【字符】面板右侧子菜单，选择【下划线选项】，勾选【启用下划线】，设置粗细为 18px，位移为 -5px，设置颜色（C=63 M=78 Y=91 K=47），如图 4-39 所示。

（7）复制木牌，粘贴到文字右下方，并等比例缩小，拖曳文本框，输入文字内容，设置字体为微软雅黑，字号为 14px，如图 4-40 所示。

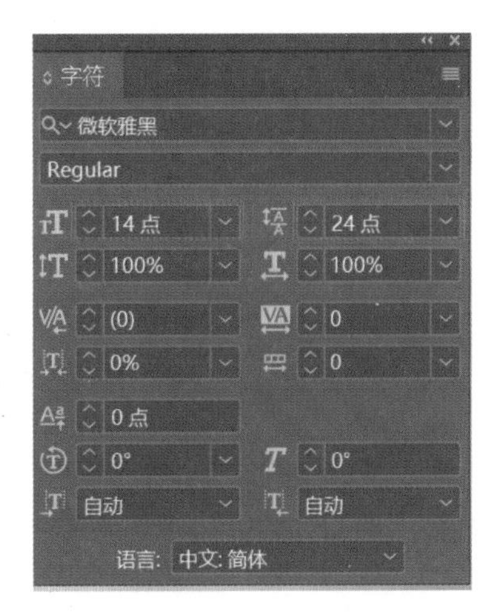

图 4-37

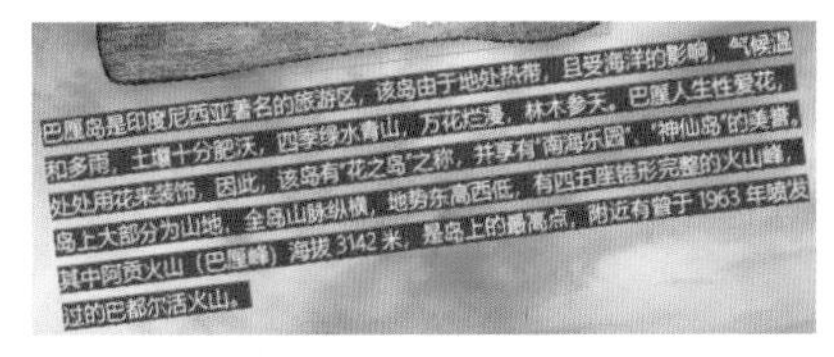

图 4-38

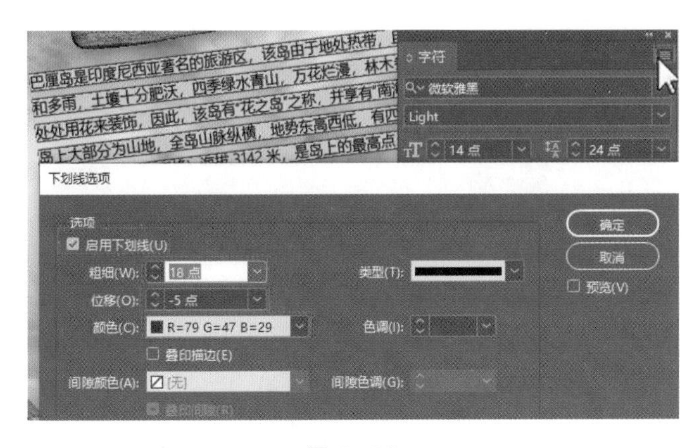

图 4-39

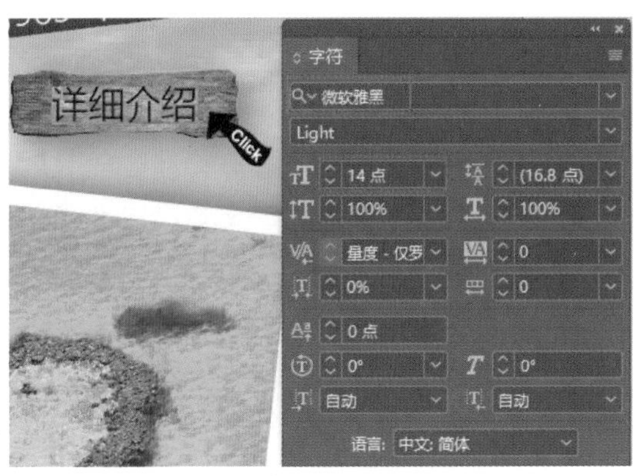

图 4-40

（8）置入三张素材图片（格式为 JPG）至页面中，设置描边粗细为 7px，描边颜色为白色，旋转文字角度，如图 4-41 所示为图片设置后的效果。

（9）选中三张图片，单击【效果】面板，选择【外发光】，设置【模式】为正常，不透明度为 75%，大小为 12px，如图 4-42 所示设置【效果】对话框，如图 4-43 所示为设置图片后的效果。

图 4-41

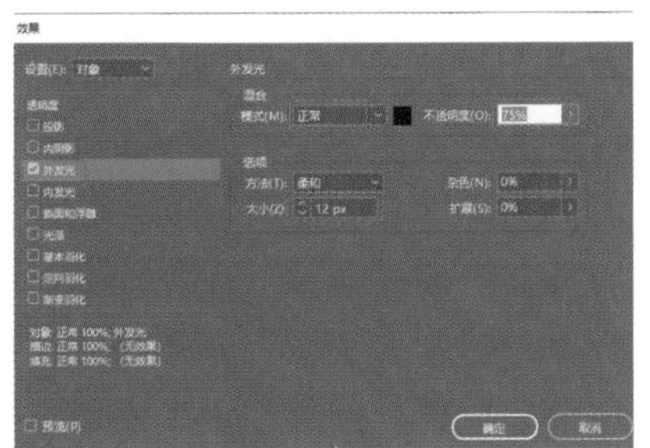

图 4-42

图 4-43

（10）置入“纸片 .png”至页面中，复制并粘贴两次，分别放在另外两张图片的下方，在纸片上拖曳文本框，输入文字内容，设置字体为微软雅黑，字号为 12px，如图 4-44(a) 所示，文字颜色设置如图 4-44(b) 所示。

（11）用工具箱【椭圆工具】绘制圆形，设置颜色为 C=38 M=0 Y=11 K=0 到 C=89 M=60 Y=21 K=0 的渐变，用【渐变色板工具】调整渐变【类型】为径向，位置为 50%。单击【效果】面板，选择【投影】，设置投影距离为 4px，大小为 2px，如图 4-45(a)、 4-45(b) 所示设置蓝色圆形效果。绘制绿色圆形，设置颜色为 C=27 M=0 Y=62 K=0 到 C=82 M=53 Y=100 K=19 的渐变，径向位置为 100%。单击【效果】面板，选择【投影】，设置 距离为 4px，大小为 2px。绘制橙色圆形，设置颜色为 C=0 M=21 Y=50 K=0 到 C=32 M=89 Y=100 K=1 的渐变，径向位置为 100%。单击【效果】面板，选择【投影】，设置距离为 4px，大小为 2px。最后效果如图 4-45（c）所示。

（12）置入“蝴蝶 1.png”和“蝴蝶 2.png”素材，按照图 4-46 设置图片。

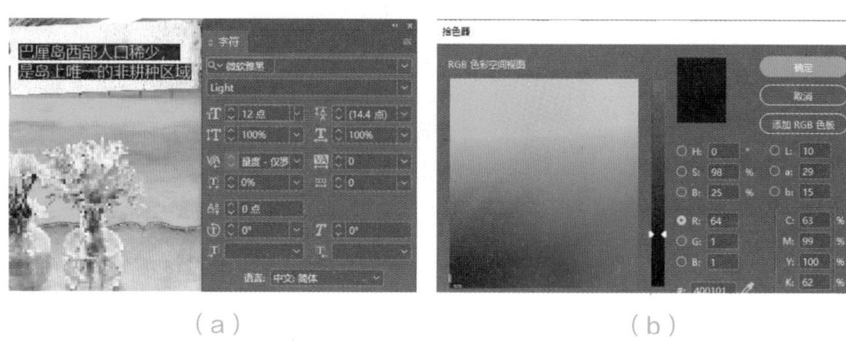

（a）　（b）

图 4-44

（a）　（b）　（c）

图 4-45

图 4-46

4. 网页保存设置

Adobe InDesign CC 2019 保存文件最常用的就是打包命令。打包可以将所有的素材和格式放到一个文件夹，非常方便，操作方法如下。

（1）点击菜单栏【文件】-【打包】，弹出【打包】对话框，点击【打包】按钮，如图 4-47 所示为【打包】对话框。查看对话框“小结”有没有提醒错误，如果有错误，就要在版面中进行修改。

（2）点击【打包】按钮，在弹出的提示中单击【确定】按钮，如图 4-48 所示为打包文档进度条，文件自动打包完成。

（3）打包完成后，找到打包的文件夹，双击打开，如图 4-49 所示为打包后的文件。打包文件中含有网页版面布局设计的图片素材、所有字体，还保存了源文件和 PDF 等文件格式。

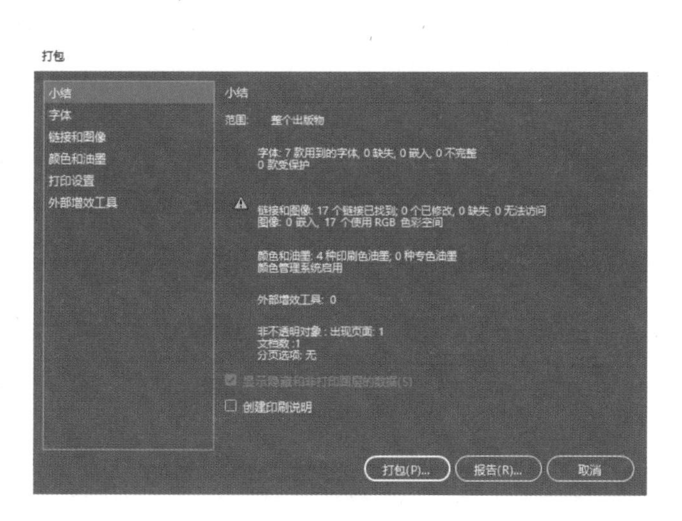

图 4-47

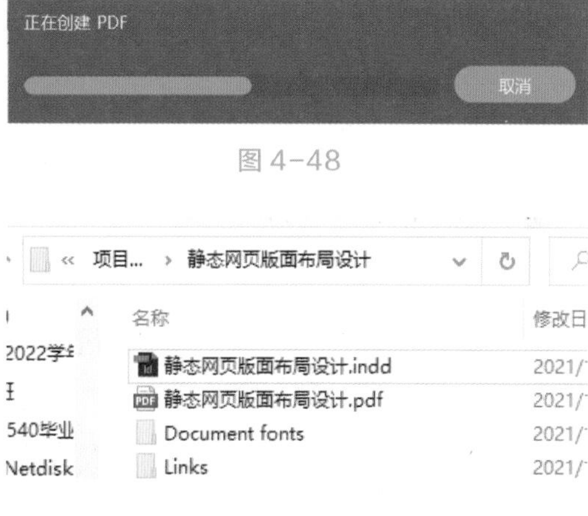

图 4-49

三、学习任务小结

通过本次课的学习和实训，同学们初步掌握了运用 Adobe InDesign CC 2019 软件设计网页版面布局的方法和步骤，掌握了网页版面布局设计的制作方法。课后，大家要对本次课所学的基本操作进行反复练习，不断提高实操技能。

四、课后作业

运用 Adobe InDesign CC 2019 软件设计制作本土旅游项目的网页设计。

杂志内页设计

教学目标

（1)专业能力: 了解Adobe InDesign CC 2019软件中的页面主页的创建方法,以及主页编辑功能的内容、基本要求和设计步骤。

（2）社会能力：能将主页上的对象快速应用到所有页面上。

（3）方法能力：具备设计实践操作能力、资料整理和归纳能力，沟通和表达能力。

学习目标

（1）知识目标：了解 Adobe InDesign CC 2019 软件中的主页功能及编排方法。

（2）技能目标：能在 Adobe InDesign CC 2019 软件中将相同的设计格式应用到一个文档的多个页面。

（3）素质目标：能够快速编排页面版式，加快在排版中重复版式的编排，使工作更加高效，提升自己的综合职业能力。

教学建议

1. 教师活动

（1）教师分析讲解主页的特点和注意事项，提高学生对主页使用设计的认识。同时，运用多媒体课件、示范操作等多种教学手段，讲解主页中的页眉、页脚、页码和页面装饰元素等的设置方法，并分析主页版面设计要点，指导学生运用软件进行操作。

（2）将主页设计的要点融入课堂教学，引导学生结合软件特点进行版面设计。

2. 学生活动

（1）认真观看老师示范操作，并在教师的指导下完成画册制作练习。

（2）选取优秀的学生作业进行现场展示和讲解，训练学生的语言表达能力和沟通协调能力。

一、学习问题导入

各位同学，大家好！本次课我们一起来学习如何运用 Adobe InDesign CC 2019 软件进行家居画册设计。之前我们学习过 Adobe InDesign CC 2019 软件的一些操作技巧，了解了其在排版方面的强大功能，通过本次实训强化对 Adobe InDesign CC 2019 软件排版功能的应用。本次课要求大家在进行画册设计制作时要了解版面设计原则。

二、学习任务讲解

1. 制作主页

（1）主页也称为主版页面或主控页。Adobe InDesign CC 2019 软件提供了创建和编辑主页功能，如果需要在一个文档的多个页面中应用相同的设计格式，例如页眉、页脚、页码和页面装饰元素等，就会应用到主页功能。主页面包括页面上的所有重复元素，并且主页个数是不受限制的。

（2）使用主页制作家居画册内页设计，效果如图 4-50 所示。

图 4-50

2. 制作内页

（1）选择【文件】-【新建】-【文档】命令，弹出【新建文档】对话框，如图 4-51 所示。单击【边距和分栏】按钮，弹出【新建边距和分栏】对话框，如图 4-52 所示，单击【确定】按钮，新建一个页面。

（2）选择【窗口】-【页面】命令，弹出【页面】面板，如图 4-53 所示。单击面板右上方的 图标，在弹出的菜单中取消选择【允许选定的跨页随机排布】命令，如图 4-54 所示。

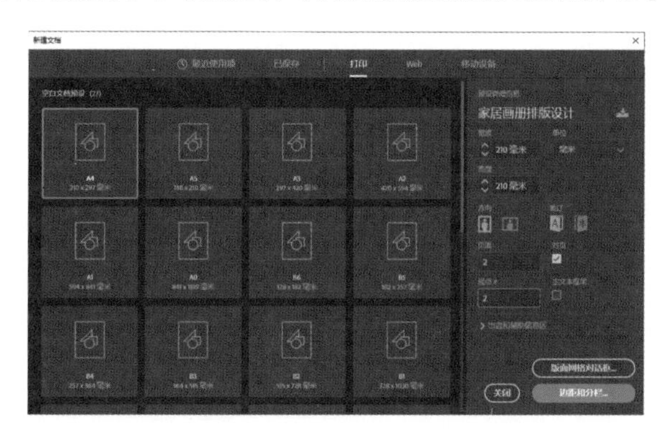

图 4-51

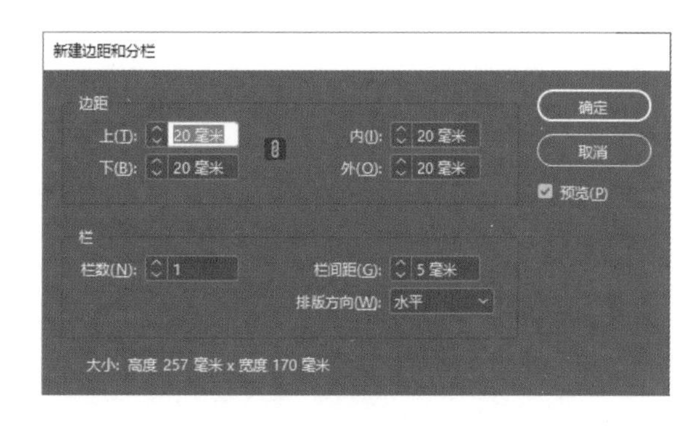

图 4-52

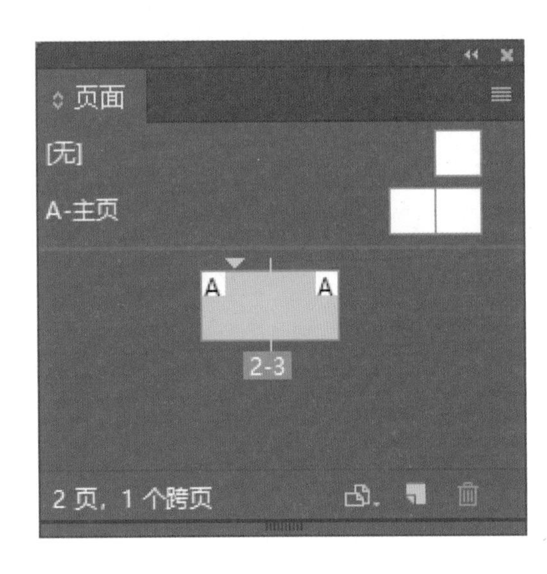

图 4-53

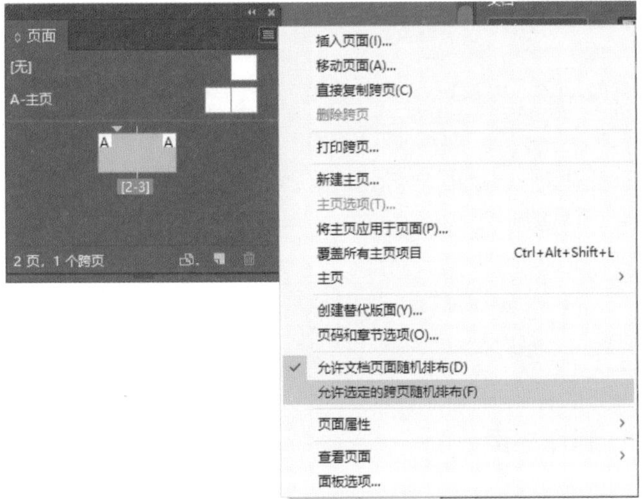

图 4-54

（3）选择第二页的页面图标，如图 4-55 所示。鼠标右键选择【版面】-【页码和章节选项】命令，弹出【页码和章节选项】对话框，如图 4-56 所示，单击【确定】按钮，页面面板显示如图 4-57 所示。

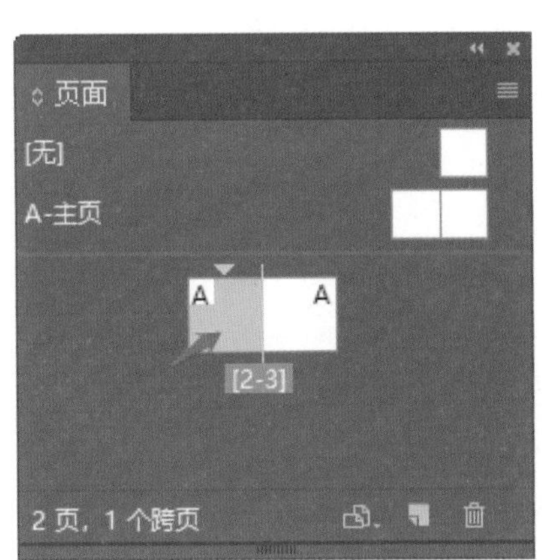

图 4-55

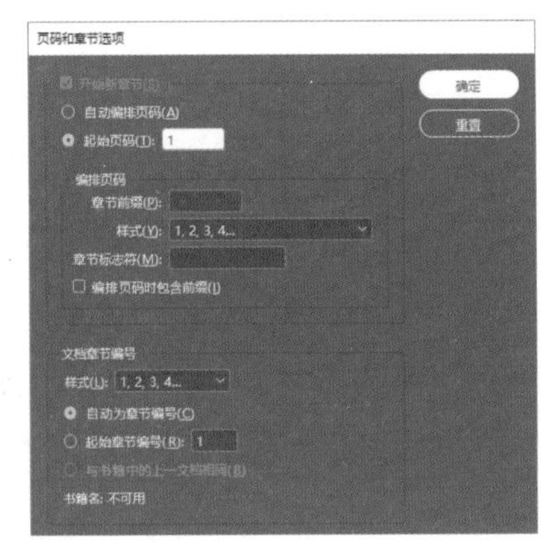

图 4-56

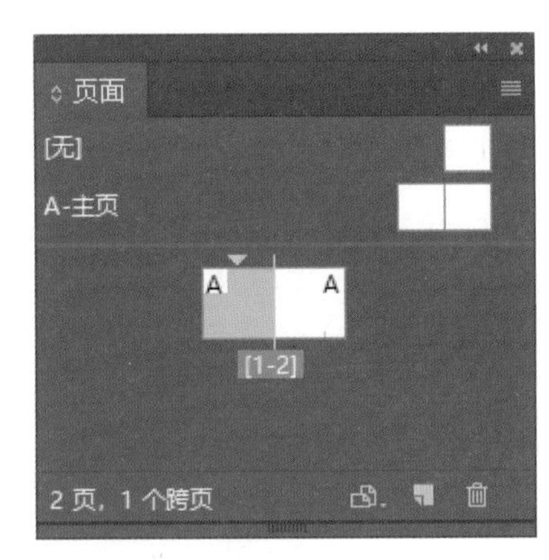

图 4-57

（4）选择【矩形工具】，在页面中绘制一个矩形，设置填充色的 CMYK 值（C=75 M=20 Y=50 K=0）填充图形，设置描边色为无，效果如图 4-58 所示。

（5）选择【钢笔工具】，绘出线条的形状，在【控制】面板中将【描边粗细】选项设置为 0.5 点，设置描边颜色的 CMYK 值（C=45 M=0 Y=30 K=0），效果如图 4-59 所示。按住 Alt+Shift 组合键的同时，水平向左拖曳图形到适当的位置，复制图形，效果如图 4-60 所示。在【控制】面板中将【对齐对象】设置为水平居中分布，如图 4-61 所示。

图 4-58

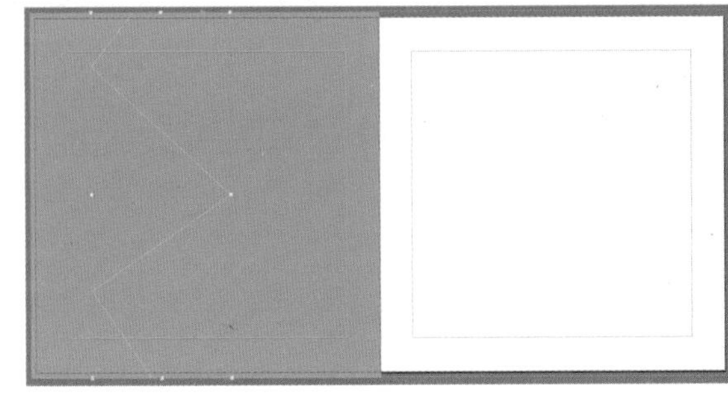

图 4-59

图 4-60

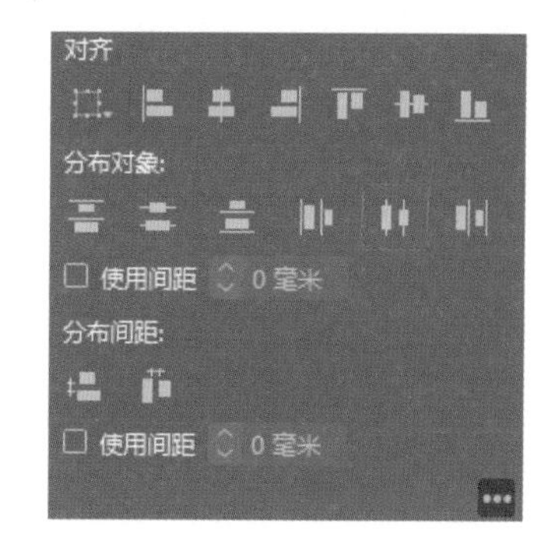

图 4-61

（6）选择【选择工具】，按住 Alt+Shift 组合键的同时，水平向右拖曳图形到适当的位置，复制图形，点击鼠标右键弹出对话框，选择水平翻转，选择边缘路径用钢笔工具在路径始端和末端进行闭合，设置填充色的 CMYK 值（C=45 M=0 Y=30 K=0）。效果如图 4-62 所示。

（7）选择【矩形框架工具】，按住 Shift 键的同时，在页面中拖曳鼠标绘制一个矩形，选择【文件】-【置入】命令，弹出【置入】对话框，选择素材“主页 01”文件，单击【打开】按钮，如图 4-63 所示。在控制面板中点击【嵌入】，如图 4-64 所示。

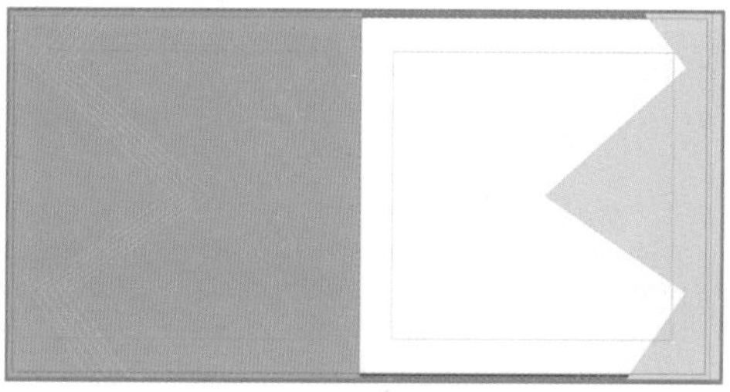

图 4-62

图 4-63

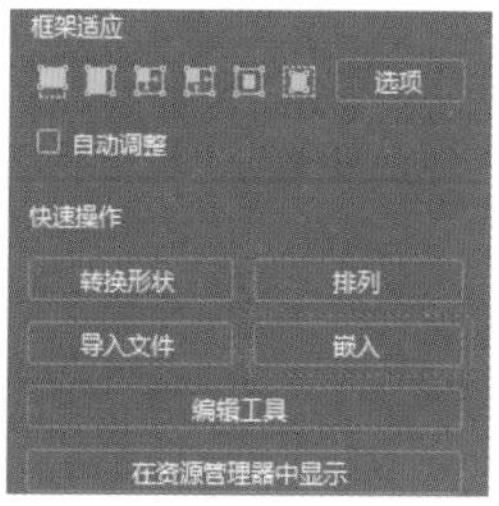

图 4-64

（8）选择【对象】-【排列】-【置于底层】命令，效果如图 4-65 所示。

（9）选择【矩形框架工具】，按住 Shift 键的同时，在页面中拖曳鼠标绘制一个矩形，选择【文件】-【置入】命令，弹出【置入】对话框，选择素材“主页 02”文件，单击【打开】按钮，在控制面板中点击【嵌入】，效果如图 4-66 所示。

（10）选择【文字工具】，在版面画出矩形框，输入文案“用舒适演绎生活 -【Live with comfort】”，并设置字体为楷体，字号为 12 点，颜色为白色（C=0 M=0 Y=0 K=0），属性栏调整字间距为 150%  ，把字体放在合适位置，如图 4-67 所示。

图 4-65

图 4-66

（11）鼠标双击“A- 主页”的页面图标，进入 A- 主页，如图 4-68 所示。在 A- 主页界面下，选择【文字工具】，在控制面板中单击居中对齐按钮，在页面左上方拖曳一个文本框，按 Ctrl+Shift+Alt+N 组合键，在文本框中添加自动页码，如图 4-69 所示。选取添加的文字，在控制面板中选择合适的字体和文字大小，效果如图 4-70 所示。

（12）选择【选择工具】，选择【对象】-【适合】-【使框架适合内容】命令，使文本框适合文字，如图 4-71 所示。按住 Alt+Shift 组合键的同时，用鼠标向右拖曳文字到跨页上的适当位置，复制文字，效果如图 4-72 所示。

（13）双击文档页面，退出 A- 主页界面，如图 4-73 所示。最终效果如图 4-74 所示。

图 4-67

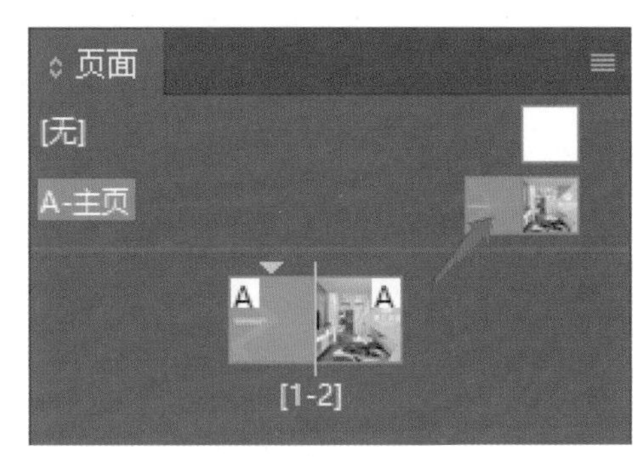

图 4-68

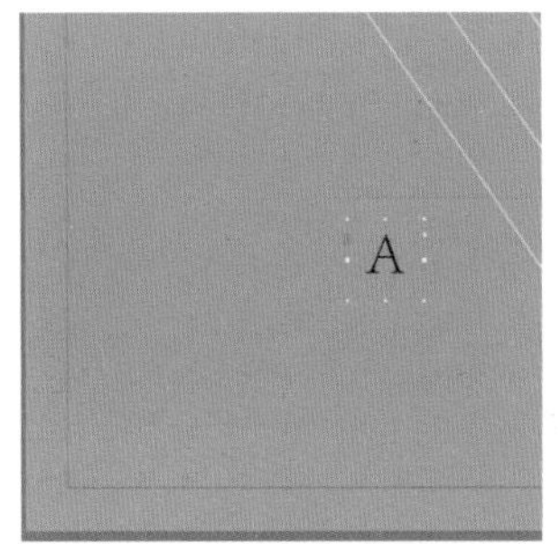

图 4-69

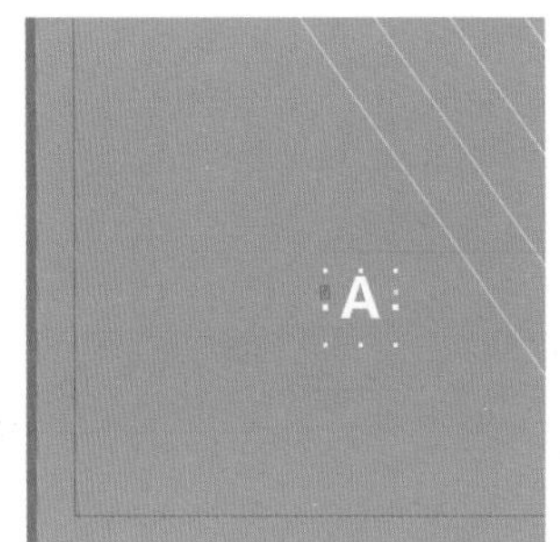

图 4-70

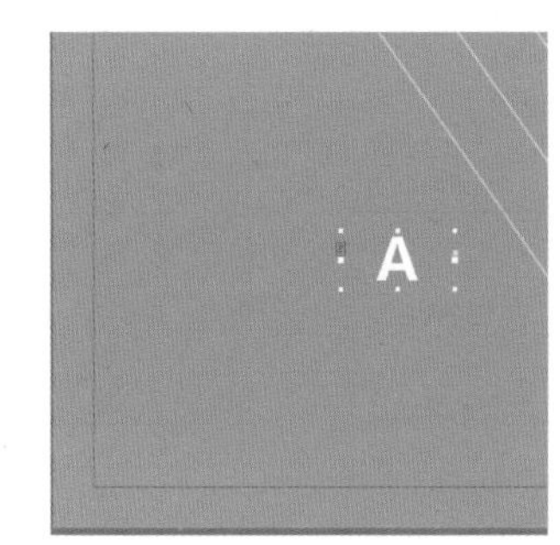

图 4-71

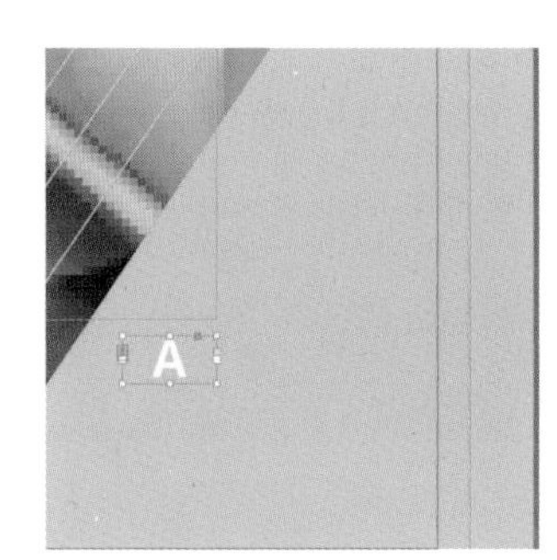

图 4-72

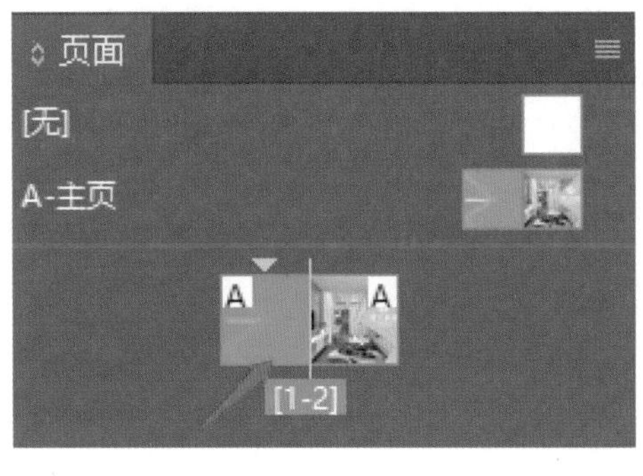

图 4-73

图 4-74

3. 创建主页

可以从头开始创建新的主页，也可以利用现有主页或跨页创建主页。当主页应用于其他页面之后，对源主页所做的任何更改会自动反映到所有基于它的主页和文档页面中。

（1）从头开始创建主页。选择【窗口】-【页面】命令，弹出【页面】面板，单击面板右上方的图标，在弹出的菜单中选择【新建主页】命令，如图 4-75 所示，弹出【新建主页】对话框，如图 4-76 所示。

【前缀】选项：标识页面面板中的各个页面所应用的主页。最多可以输入 4 个字符。

【名称】选项：输入主页跨页的名称。

【基于主页】选项：选择一个以此主页跨页为基础的现有主页跨页，或选择无。

【页数】选项：输入一个值作为主页跨页中包含的页数（最多为 10）。

【页面大小】选项组：设置新建主页的页面大小和页面方向。

设置需要的选项，如图 4-77 所示。单击【确定】按钮，创建新的主页，如图 4-78 所示。

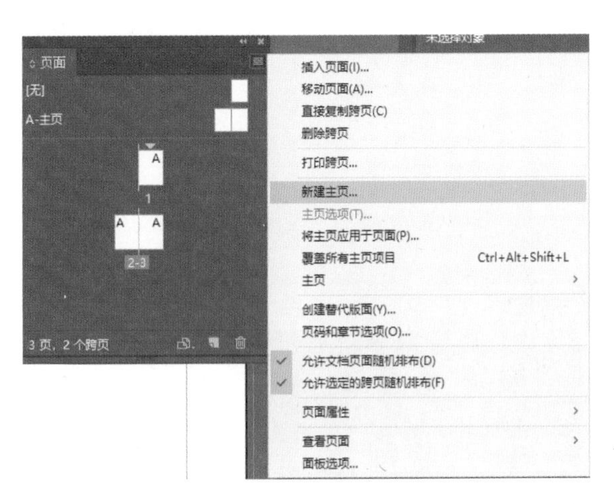

图 4-75

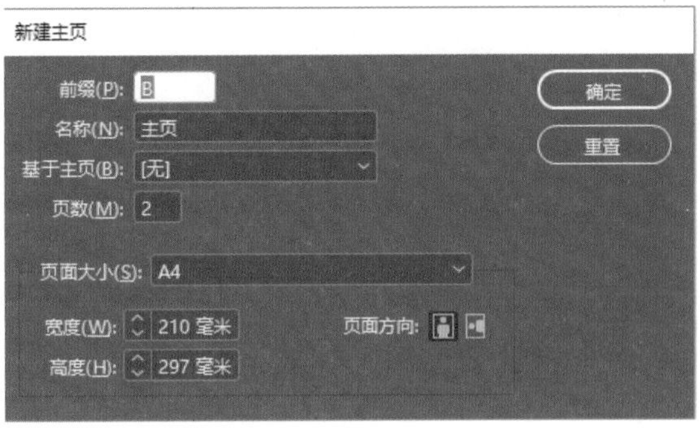

新建主页

前缀(P): B
名称(N): 主页
基于主页(B): [无]
页数(M): 2
页面大小(S): A4
宽度(W): 210 毫米
高度(H): 297 毫米
页面方向:
确定
重置

图 4-76

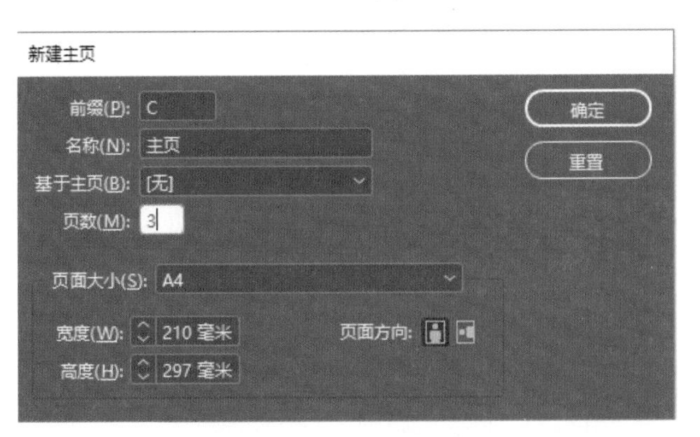

图 4-77

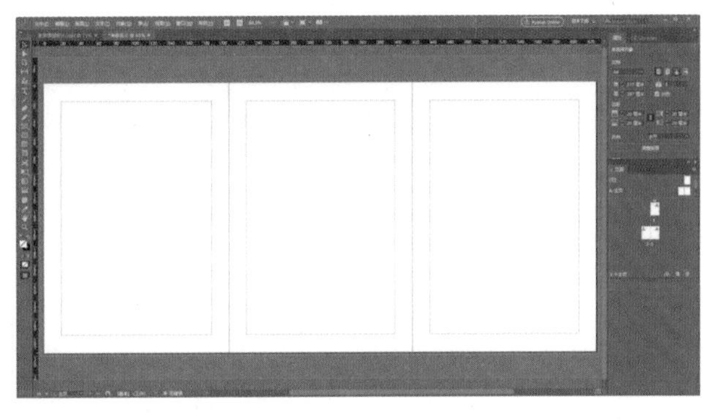

图 4-78

（2）从现有页面或跨页创建主页。在【页面】面板中单击选取需要的跨页（或页面）图标，如图 4-79 所示。按住鼠标将其从“页面 2-3”部分拖曳到“A- 主页”部分，松开鼠标，以现有跨页为基础创建主页，如图 4-80 所示。

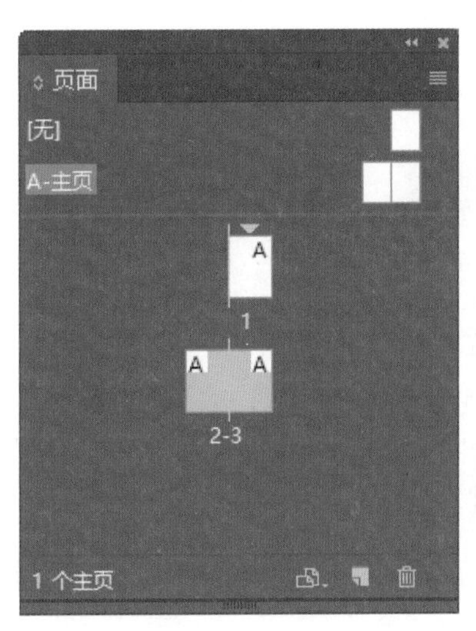

图 4-79

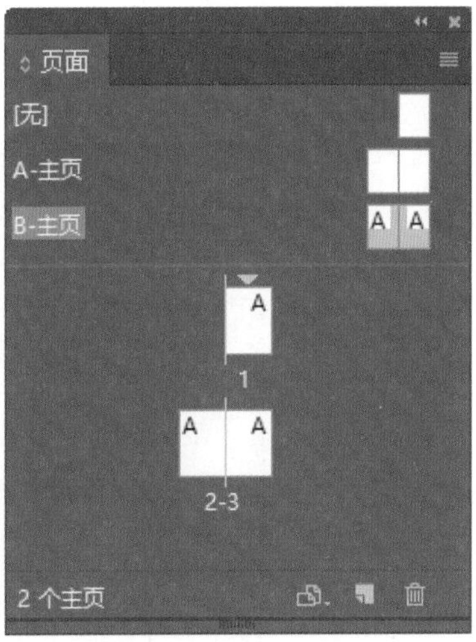

页面
[无]
A-主页
B-主页
1
2-3
2 个主页

图 4-80

4. 基于其他主页的主页

（1）在【页面】面板中选取需要的主页图标，单击面板右上方的图标，在弹出的菜单中选择

【“C- 主页”的主页选项】命令，如图 4-81 所示。弹出【主页选项】对话框，在【基于主页】选项中选取需要的主页，设置如图 4-82 所示。单击【确定】按钮，“C- 主页”基于“B- 主页”创建主页样式，效果如图 4-83 所示。

（2）在【页面】面板中选取需要的主页跨页名称，如图 4-84 所示。按住鼠标将其拖曳到应用该主页的另一个主页名称上，如图 4-85 所示。松开鼠标，“B- 主页”基于“C- 主页”创建主页样式，如图 4-86 所示。

5. 复制主页

（1）在【页面】面板中选取需要的主页跨页名称，按住鼠标将其拖曳到【新建页面】按钮上，如图 4-87 所示。松开鼠标，在文档中复制主页，如图 4-88 所示。

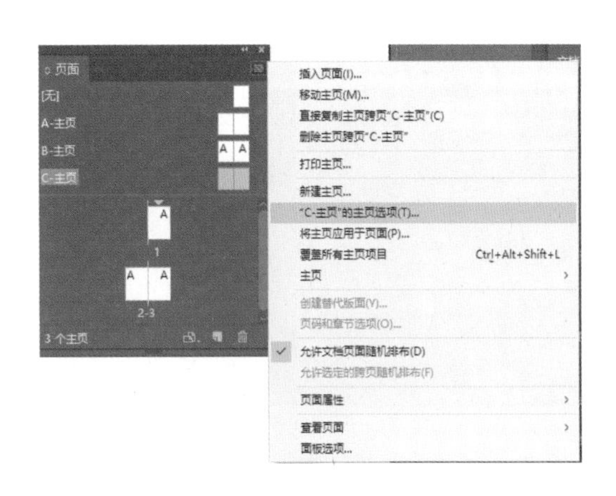

图 4-81

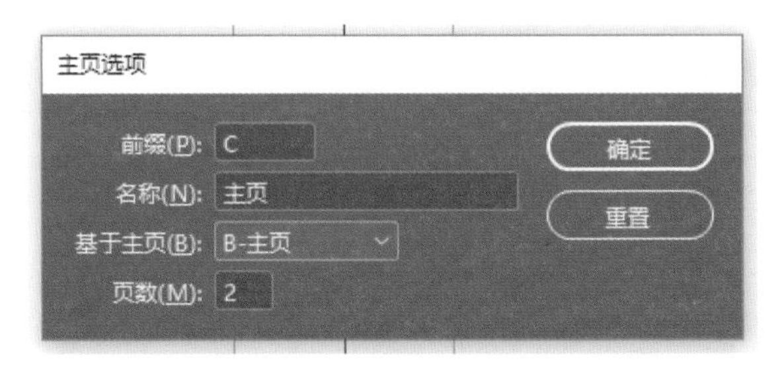

图 4-82

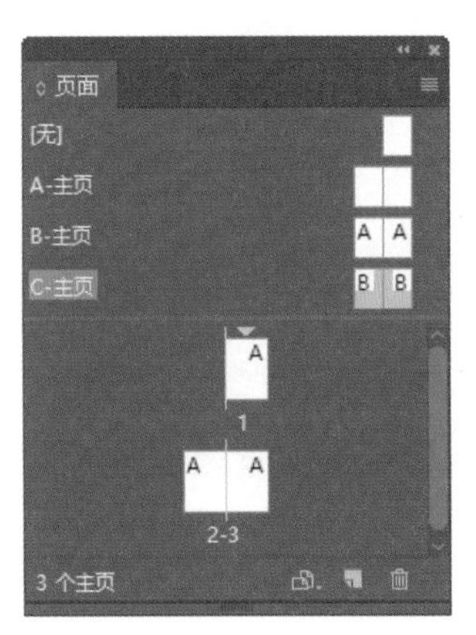

图 4-83

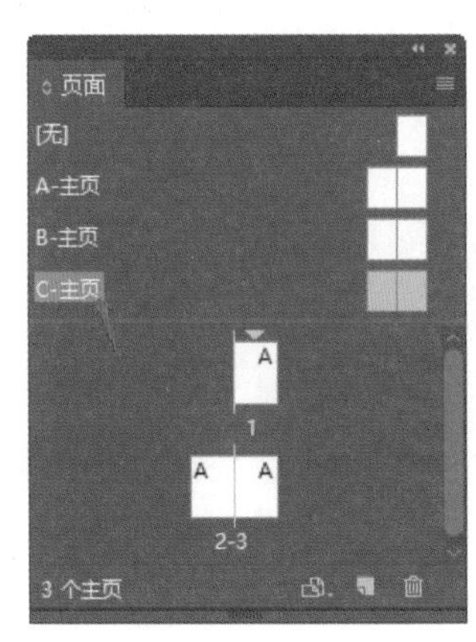

图 4-84

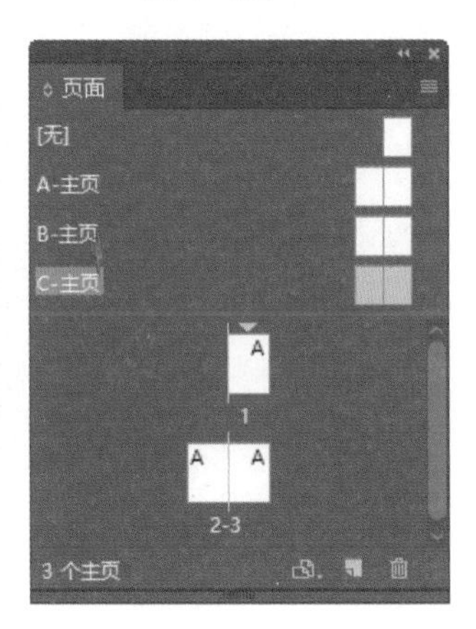

图 4-85

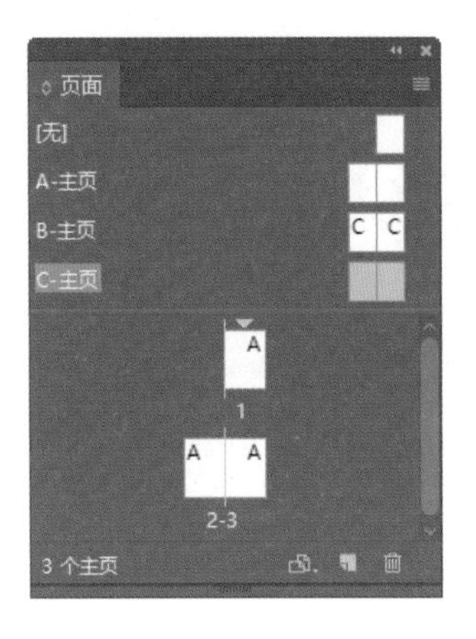

图 4-86

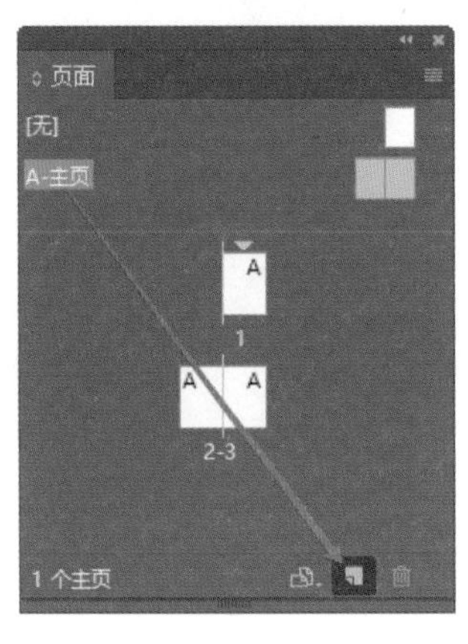

图 4-87

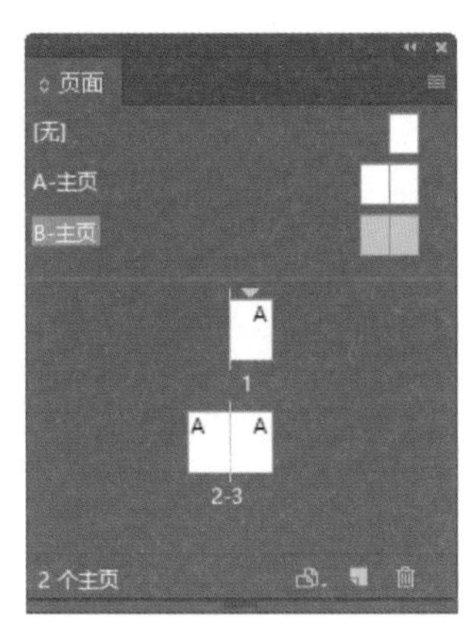

图 4-88

（2）在【页面】面板中选取需要的主页跨页名称。单击面板右上方的 图标，在弹出的菜单中选择【直接复制主页跨页“B- 主页”】命令，可以在文档中复制主页。

6. 应用主页

（1）将主页应用于页面或跨页。

在【页面】面板中选取需要的主页图标，将其拖曳到要应用主页的页面图标上。当黑色矩形围绕页面时，如图 4-89 所示。松开鼠标，为页面应用主页，如图 4-90 所示。

（2）将主页应用于多个页面。

在【页面】面板中按 Ctrl 键选取需要的页面图标，如图 4-91 所示。按住 Alt 键的同时，单击要应用的主页，将主页应用于多个页面，效果如图 4-92 所示。

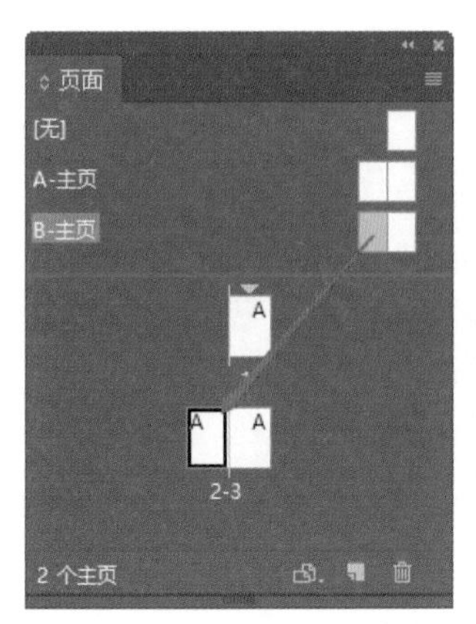

图 4-89

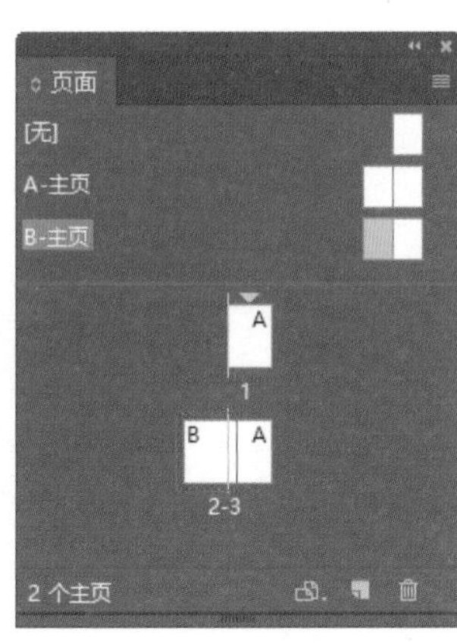

图 4-90

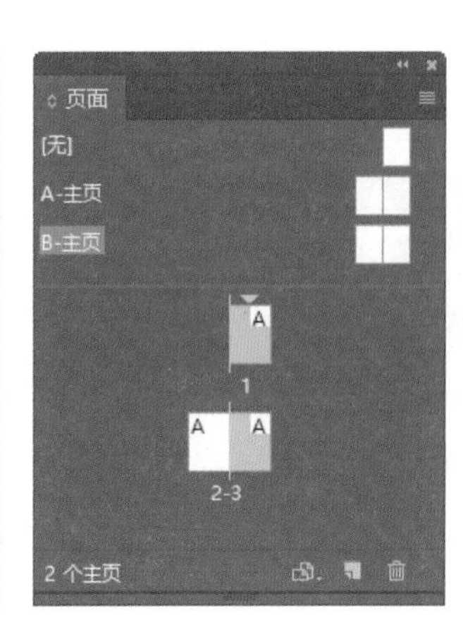

图 4-91

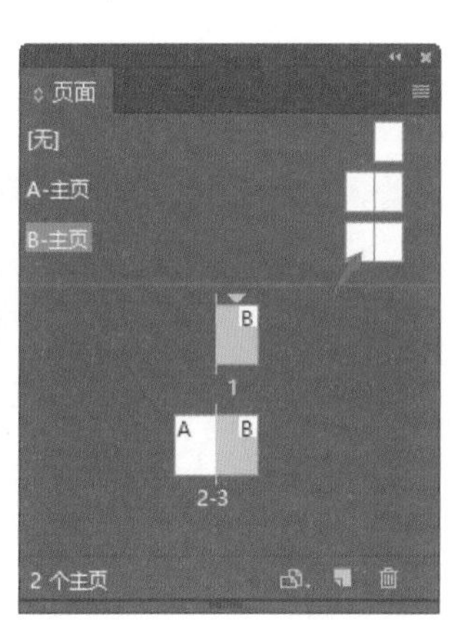

图 4-92

单击面板右上方的 图标，在弹出的菜单中选择【将主页应用于页面】命令，弹出【应用主页】对话框，如图 4-93 所示。在【应用主页】选项中指定要应用的主页，在【于页面】选项中指定需要应用主页的页面范围，如图 4-94 所示。单击【确定】按钮，将主页应用于选定的页面，如图 4-95 所示。

7. 取消指定的主页

在【页面】面板中选取需要取消主页的页面图标，如图 4-96 所示。按住 Alt 键的同时，单击[无]的页面图标，将取消指定的主页，效果如图 4-97 所示。

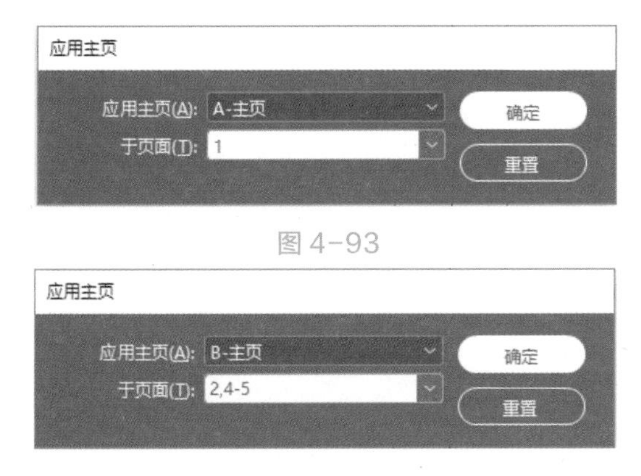

图 4-93

图 4-94

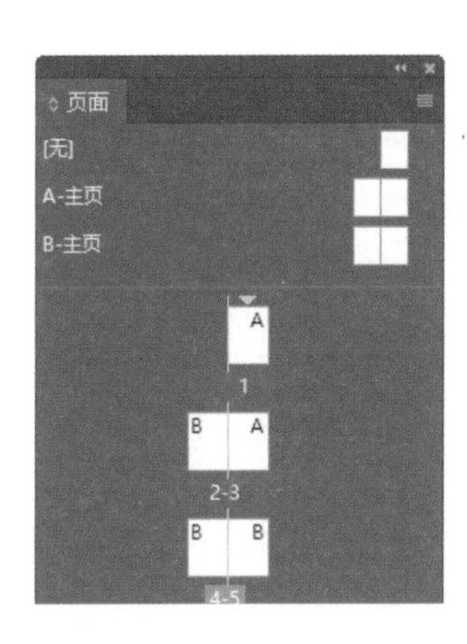

图 4-95

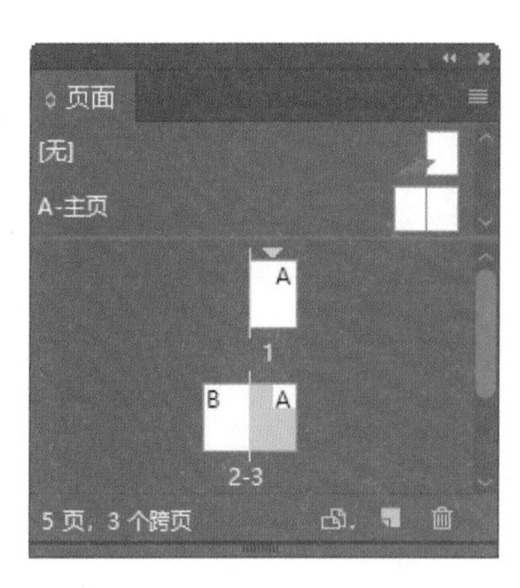

图 4-96

8. 删除主页

在【页面】面板中选取要删除的主页，单击【删除选中页面】按钮，如图 4-98 所示。弹出提示对话框，如图 4-99 所示。单击【确定】按钮，删除主页，如图 4-100 所示。

将选取的主页直接拖曳到【删除选中页面】按钮上，可删除主页。单击面板右上方的 图标，在弹出的菜单中选择【删除主页跨页“1-主页”】命令，也可删除主页。

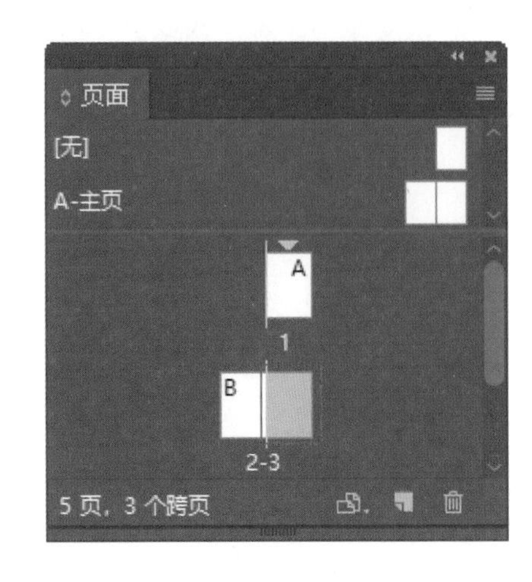

图 4-97

9. 添加页码和章节编号

可以在页面上添加页码标记来指定页码的位置和外观。页码标记会自动更新，所以当在文档内增加、移除或排列页面时，它所显示的页码总是正确的。页码标记可以与文本一样设置格式和样式。

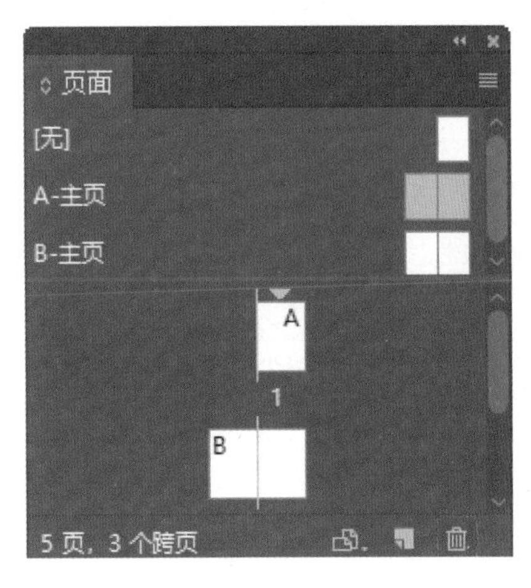

图 4-98

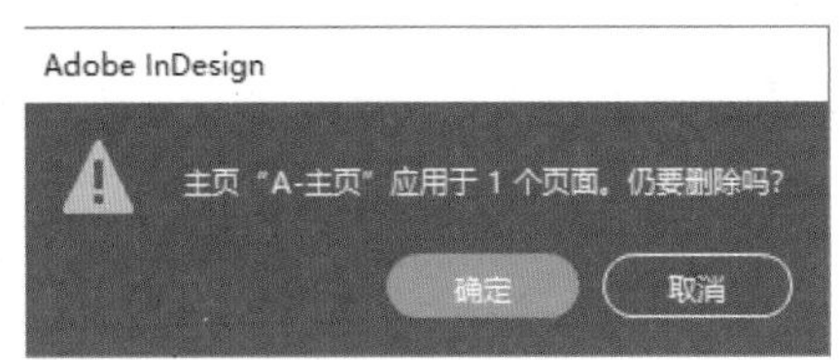

图 4-99

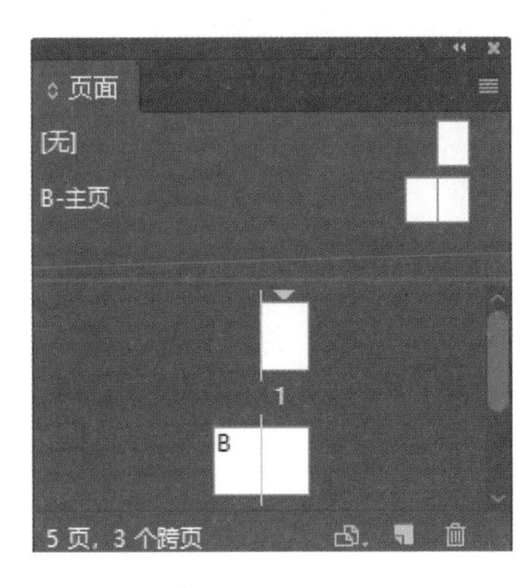

图 4-100

（1）添加自动页码。

选择文字工具，在要添加页码的页面中拖曳出一个文本框，如图 4-101 所示。选择【文字】-【插入特殊字符】-【标志符】-【当前页码】命令，或按 Ctrl+Shift+Alt+N 组合键，如图 4-102 所示。在文本框中添加自动页码，如图 4-103 所示。

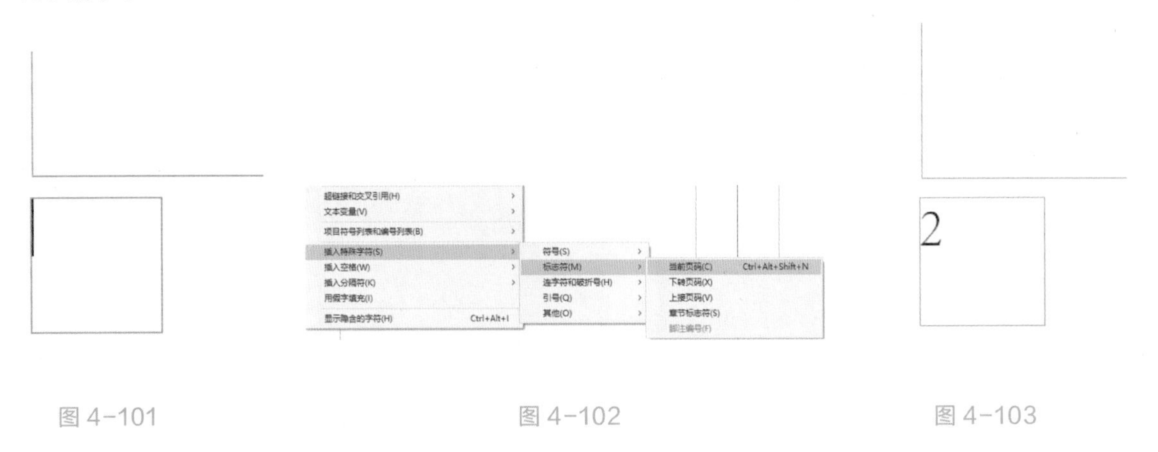

图 4-101　　图 4-102　　图 4-103

（2）添加章节编号。

选择文字工具，在要显示章节编号的位置拖曳出一个文本框。选择【文字】-【文本变量】-【插入变量】-【章节编号】命令，如图 4-104 所示。在文本框中添加自动的章节编号，如图 4-105 所示。

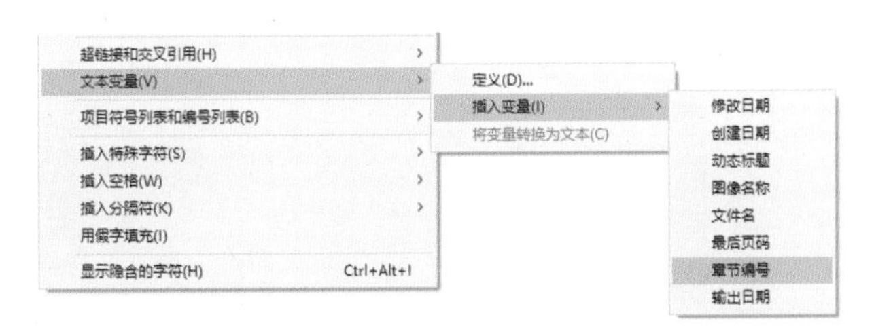

图 4-104

图 4-105

（3）更改页码和章节编号的格式。

选择【版面】-【页码和章节选项】命令，弹出【页码和章节选项】对话框，如图 4-106 所示。设置需要的选项，单击【确定】按钮，可更改页码和章节编号的格式。

图 4-106

【自动编排页码】选项：让当前章节的页码跟随前一章节的页码。当在它前面添加页面时，文档或章节中的页码将自动更新。

【起始页码】选项：输入文档或当前章节第一页的起始页码。

在【编排页码】选项组中，各选项的介绍如下。

【章节前缀】选项：为章节输入一个标签，包括要在前缀和页码之间显示的空格或标点符号。前缀的长度不应大于 8 个字符，不能为空，也不能为输入的空格，可以是从文档窗口中复制和粘贴的空格字符。

【样式】选项：从菜单中选择一种页码样式。该样式仅应用于本章节中的所有页面。

【章节标志符】选项：输入一个标签，Adobe InDesign CC 2019 软件会将其插入页面中。

【编排页码时包含前缀】选项：可以在生成目录或索引时或在打印包含自动页码的页面时显示章节前缀。取消选择此选项，将在 Adobe InDesign CC 2019 软件中显示章节前缀，但在打印的文档、索引和目录中隐藏该前缀。

三、学习任务小结

通过本次课的学习和实训，同学们初步掌握了运用 Adobe InDesign CC 2019 软件制作家居画册的方法和步骤。同学们通过对家居画册的课堂实训，掌握了使用主页和添加页码的制作方法。课后，大家要对本次课所学的基本操作命令进行反复练习，不断提高实操技能。

四、课后作业

运用 Adobe InDesign CC 2019 软件设计制作家居的画册。

杂志目录设计

教学目标

（1）专业能力：了解 Adobe InDesign CC 2019 软件中目录的创建方法，以及目录的编辑功能的内容。

（2）社会能力：了解书籍文件中的目录信息。

（3）方法能力：设计实践操作能力、资料整理和归纳能力，沟通和表达的能力。

学习目标

（1）知识目标：掌握运用 Adobe InDesign CC 2019 软件中文字工具、段落样式面板和目录命令制作杂志目录的方法和步骤。

（2）技能目标：能运用 Adobe InDesign CC 2019 软件创建和应用目录。

（3）素质目标：具备一定的目录编辑能力和目录制作能力。

教学建议

1. 教师活动

（1）教师讲解目录的特点和注意事项，提高学生对目录创建的认识。同时，教师运用多媒体课件、示范操作等多种教学手段，讲解文字工具、段落样式面板和目录命令的设置方法，并分析目录版面设计要点，指导学生运用软件进行操作。

（2）将目录设计的要点融入课堂教学，引导学生结合软件特点进行目录创建设计。

2. 学生活动

（1）认真观看老师示范操作目录制作，并在教师的指导下进行目录制作实训。

（2）现场展示和讲解目录实训作品，提高语言表达能力和沟通协调能力。

一、学习问题导入

本次任务我们一起来学习如何运用 Adobe InDesign CC 2019 软件创建杂志目录。目录是杂志画册的整体框架结构，其条理清晰，简明扼要。运用 Adobe InDesign CC 2019 软件可以方便、快捷地制作目录。本次课要求大家在创建杂志目录的过程中掌握目录的版面设计要求以及常规的字体设置要求。

二、学习任务讲解

1. 创建目录：制作汽车杂志画册

（1）目录是杂志的框架结构和要点汇总，可以帮助读者在杂志中快速查找相关的内容。一个杂志可以包含多个目录，每个目录都是由标题和条目列表组成的。

（2）运用 Adobe InDesign CC 2019 软件中的文字工具、段落样式面板和目录命令制作汽车杂志目录，效果如图 4-107 所示。

图 4-107

2. 制作内页

（1）选择【文件】-【新建】-【文档】命令，弹出【新建文档】对话框，如图 4-108 所示。单击【边距和分栏】按钮，弹出【新建边距和分栏】对话框，设置如图 4-109 所示。单击【确定】按钮，新建一个页面。

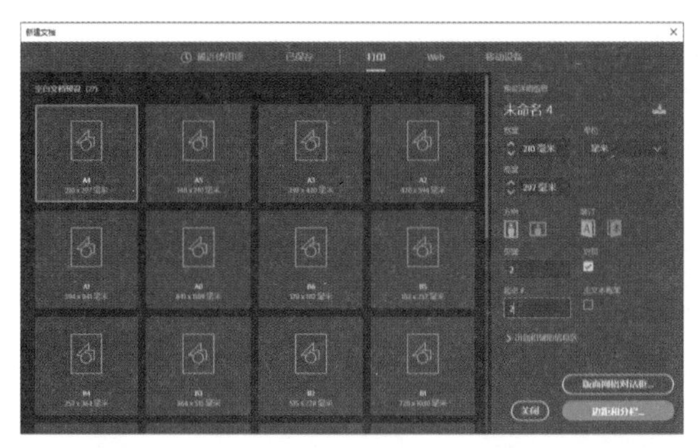

图 4-108

图 4-109

（2）选择矩形框架工具，在页面中拖曳鼠标绘制一个矩形，将控制面板的边角设置为 12 毫米、圆角，如图 4-110 所示。选择切变工具，将矩形进行切变，如图 4-111 所示。

（3）选择【文件】-【置入】命令，弹出【置入】对话框，选择素材“主页 01”文件，单击【打开】按钮，点击选中图片边框为黄色，如图 4-112 所示。选择【对象】-【变换】-【清除变换】命令，在【控制】面板中点击【嵌入】，效果如图 4-113 所示。

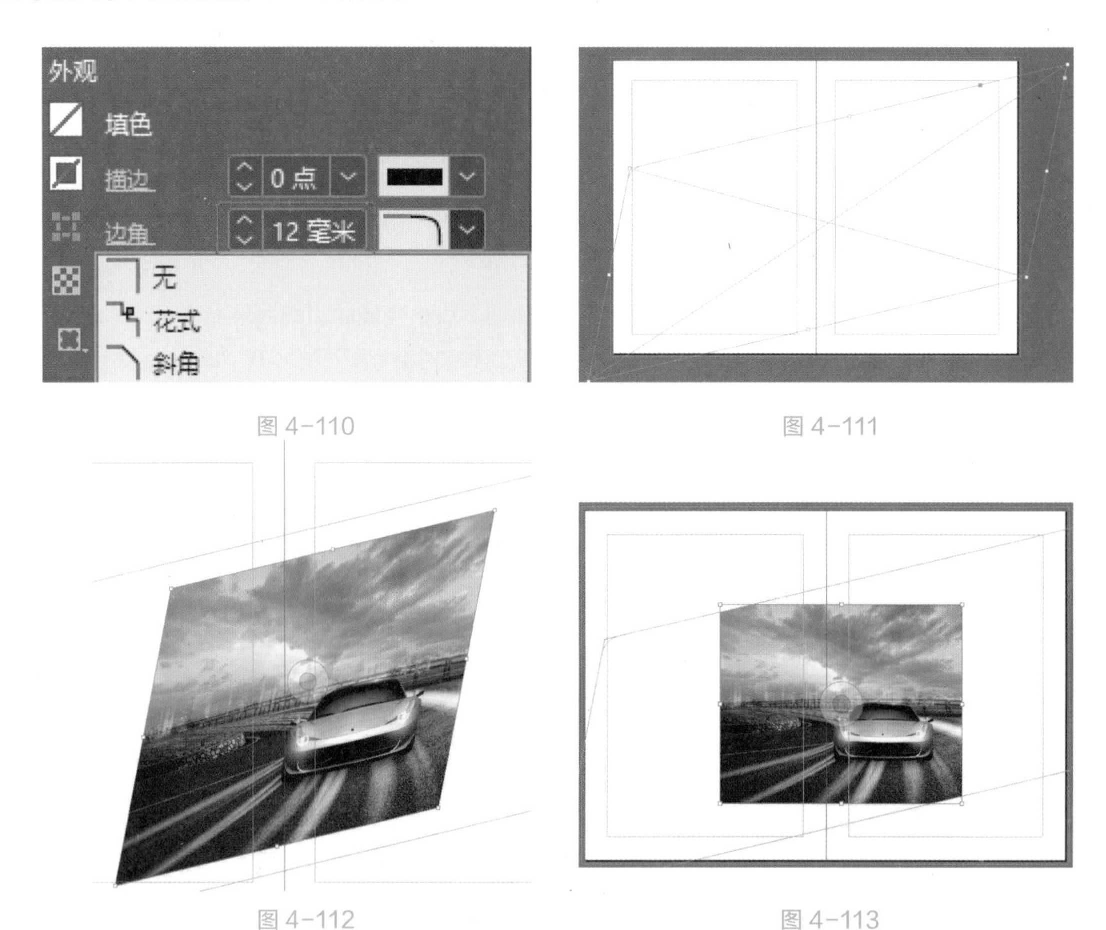

图 4-110　　图 4-111

图 4-112　　图 4-113

（4）选择【选择工具】，将图片调整至适当的位置并调整其大小，选择【对象】-【变换】-【水平翻转】命令，如图 4-114 所示。

（5）选择【矩形工具】，在页面中绘制一个矩形，设置图形填充色（C=95 M=70 Y=10 K=0），设置描边色为无，并选择【切变工具】，将矩形进行切变，效果如图 4-115 所示。在【控制】面板中将边角设置为 12 毫米、圆角，不透明度设置为 70%，如图 4-116 所示。

图 4-114　　图 4-115

（6）选择【文字工具】，在版面画出矩形框，输入文案“全新定义”，并设置字体为黑体，大小为 60 点，颜色为（C=100 M=95 Y=65 K=50）。再次在版面画出矩形框，输入文案“NEW DEFINITIONS”，大小为 18 点，颜色为 C=100 M=95 Y=65 K=50。点击属性栏字间距，将其调整为 400%，把文字放在合适位置，如图 4-117 所示。

（7）选择【文字工具】，在页面中拖曳一个文本框，输入需要的文字并选取文字，在【控制】面板中选择合适的字体，并设置文字大小，设置文字的 CMYK 值（C=0 M=0 Y=0 K=0），如图 4-118 所示。选择【多边形工具】，单击界面，弹出多边形面板，设置边数为 3，如图 4-119 所示。调整三角形大小及设置描边颜色为白色，选择【选择工具】，选择三角形并按 Alt 键往右复制一个三角形，调整大小，填充色为白色。效果如图 4-120 所示。

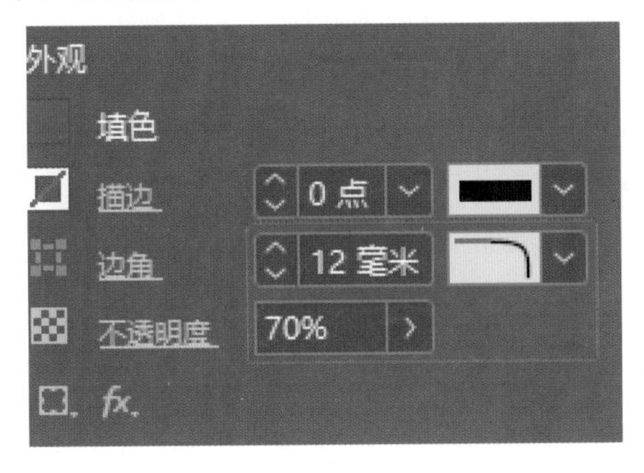

图 4-116

图 4-117

图 4-118

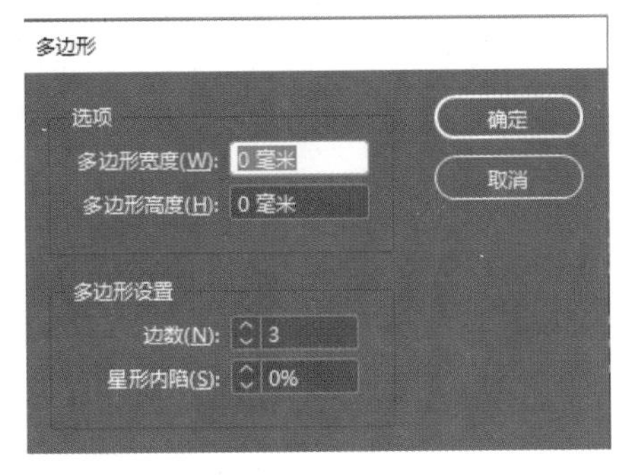

图 4-119

图 4-120

3. 提取目录

（1）按 Ctrl+O 组合键，打开素材“汽车杂志目录设计 .indd”文件，单击【打开】按钮，打开文件。选择【窗口】-【色板】命令，弹出【色板】面板，单击面板右上方的图标，在弹出的菜单中选择【新建颜色色板】命令，弹出【新建颜色色板】对话框，如图 4-121 所示。

（2）选择【文字】-【段落样式】命令，弹出【段落样式】面板，单击面板下方的【创建新样式】按钮，生成新的段落样式，将其命名为“目录标题”，如图 4-122 所示。单击【段落样式】面板下方的【创建新样式】按钮，生成新的段落样式，并将其命名为“目录正文”，如图 4-123 所示。

（3）双击【目录标题】样式，弹出【段落样式选项】对话框，单击【基本字符格式】选项，弹出相应的对话框，选项的设置如

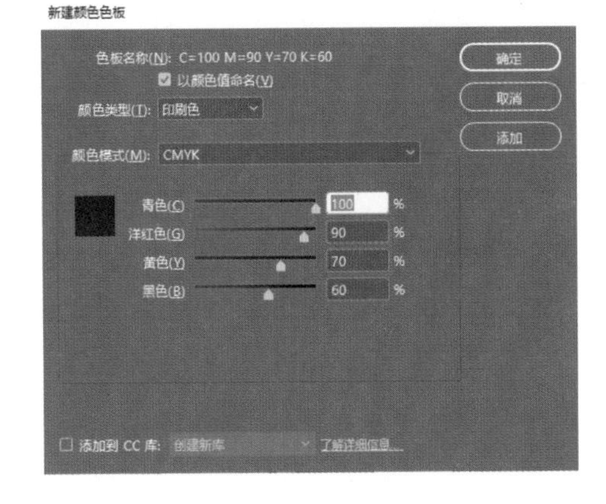

图 4-121

图 4-124 所示。单击【字符颜色】选项，弹出相应的对话框，选择需要的颜色，如图 4-125 所示。单击【确定】按钮。

（4）双击【目录正文】样式，弹出【段落样式选项】对话框，单击【基本字符格式】选项，弹出相应的对话框，选项的设置如图 4-126 所示。单击【字符颜色】选项，弹出相应的对话框，选择需要的颜色，如图 4-127 所示。单击【缩进和间距】选项，弹出相应的对话框，选项的设置如图 4-128 所示，单击【确定】按钮。

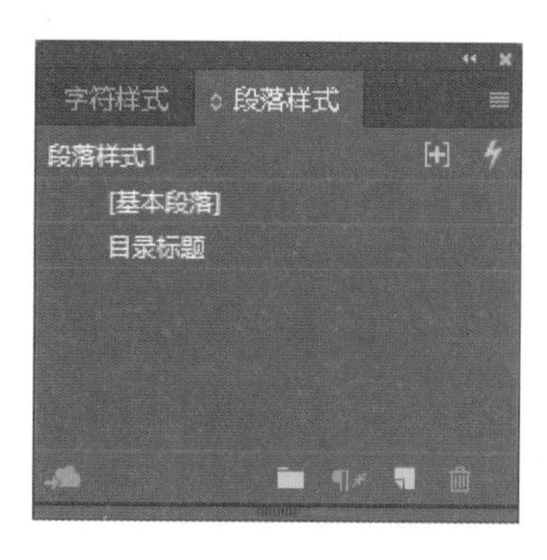

图 4-122

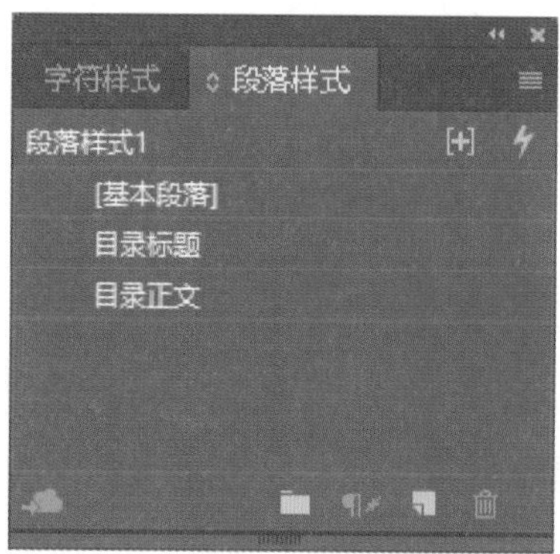

图 4-123

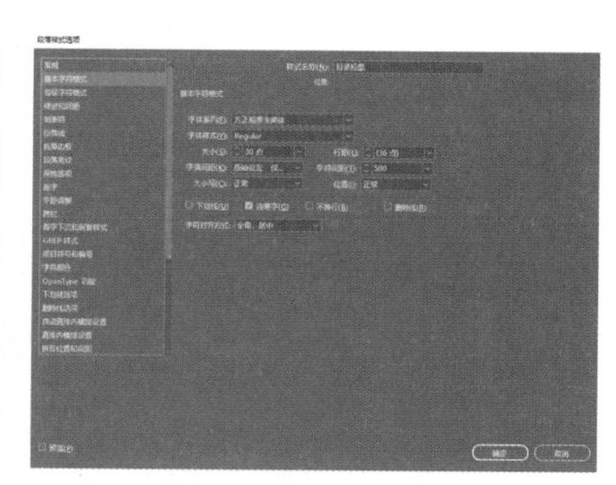

图 4-124

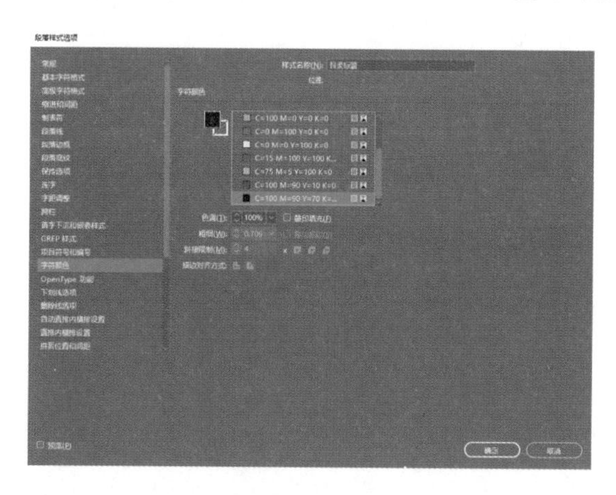

图 4-125

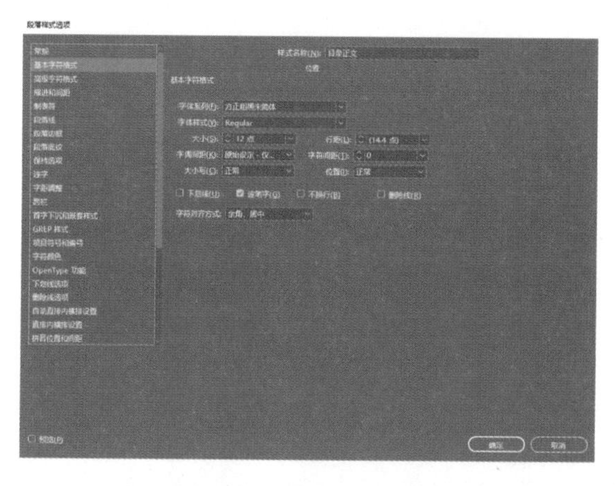

图 4-126

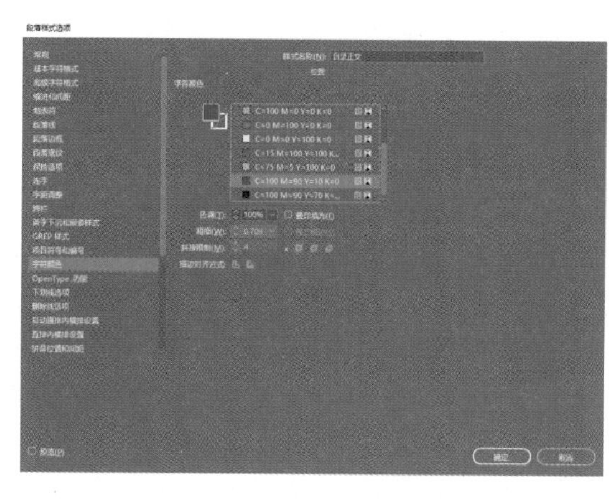

图 4-127

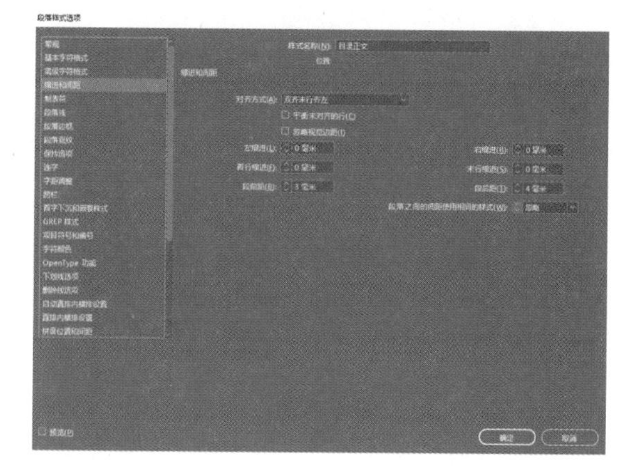

图 4-128

（5）选择【文字】-【字符样式】命令，弹出【字符样式】面板。单击面板下方的【创建新样式】按钮，生成新的字符样式，并将其命名为“目录页码”，如图 4-129 所示。

（6）双击【目录页码】样式，弹出【字符样式选项】对话框，单击【基本字符格式】选项，弹出相应的对话框，选项的设置如图 4-130 所示。单击【字符颜色】选项，弹出相应的对话框，选择需要的颜色，如图 4-131 所示。单击【确定】按钮。

（7）选择【版面】-【目录】命令，弹出【目录】对话框，在【其他样式】列表中选择【二级标题】样式，单击“添加”按钮［添加(A)］，将【二级标题】添加到【包含段落样式】列表中，如图 4-132 所示。在【样式：二级标题】选项组中，单击【条目样式】选项右侧的按钮，在弹出的菜单中选择【目录标题】。单击右侧【更多选项】，展开其他选项，如图 4-133 所示。单击【页码】选项右侧的按钮，在弹出的菜单中选择【条目前】。单击【样式】选项右侧的按钮，在弹出的菜单中选择【目录页码】，如图 4-134 所示。

（8）在【其他样式】列表中选择【三级标题】样式，单击【添加】按钮，将【三级标题】添加到【包含段落样式】列表中。单击【条目样式】选项右侧的按钮，在弹出的菜单中选择【目录正文】；单击【页码】选项右侧的按钮，在弹出的菜单中选择【无页码】，如图 4-135 所示。

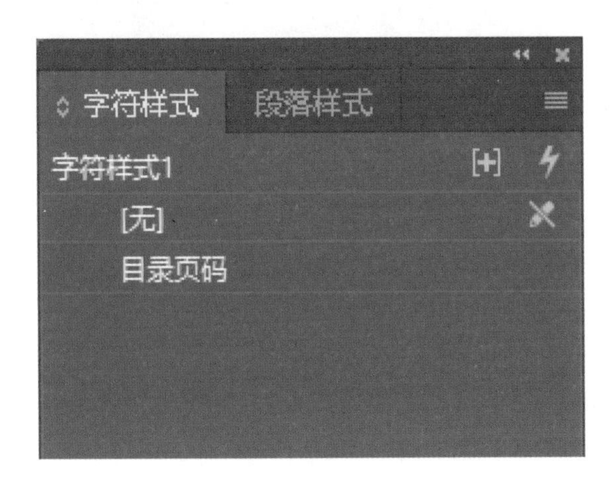

图 4-129

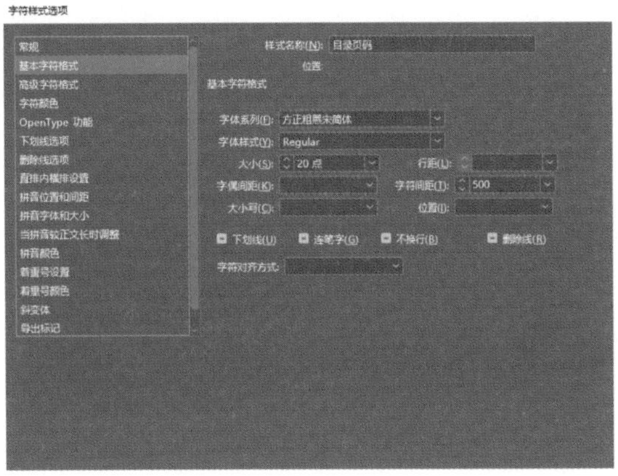

图 4-130

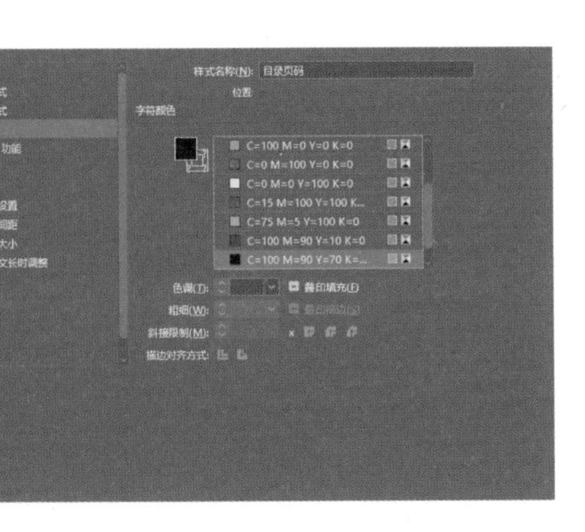

图 4-131

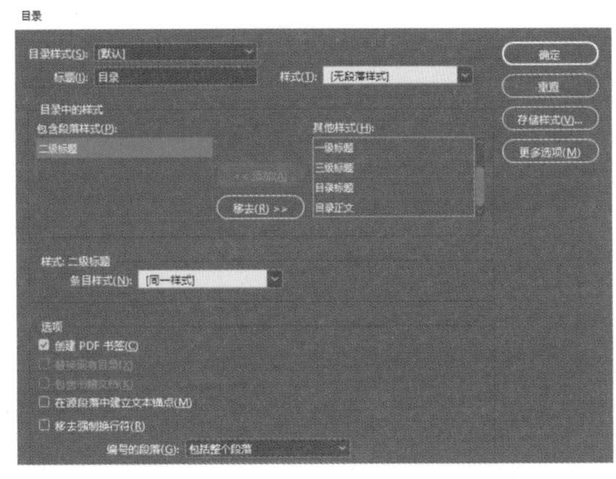

图 4-132

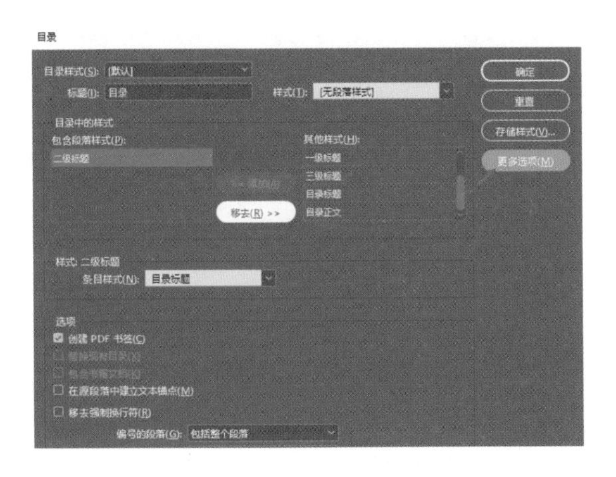

图 4-133

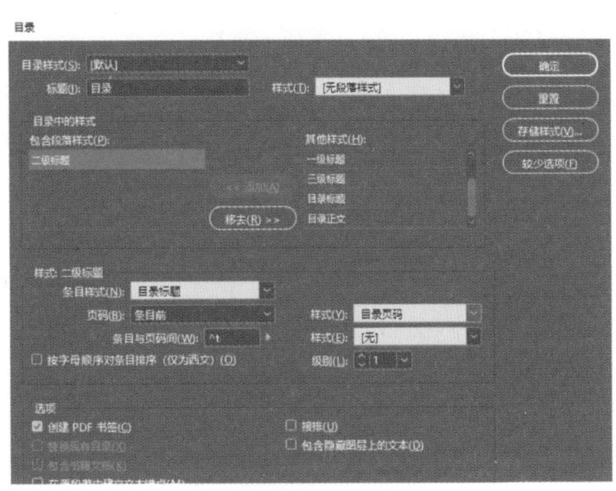

图 4-134

（9）单击【确定】按钮，在页面中的空白处拖曳鼠标，提取目录。选择【文字工具】，在提取的目录中选取不需要的文字和空格，按 Delete 键将其删除，效果如图 4-136 所示。

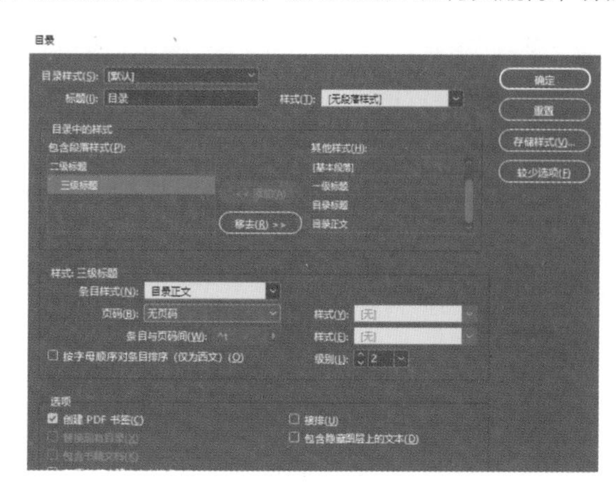

图 4-135

图 4-136

4. 生成目录

生成目录前，先确定应包含的段落（如章、节标题），为每个段落定义段落样式。确保将这些样式应用于单篇文档或编入书籍的多篇文档中的所有相应段落。在创建目录时，应在文档中添加新页面。选择【版面】-【目录】命令，弹出【目录】对话框，如图 4-137 所示。

【标题】选项：输入目录标题。标题将显示在目录顶部。设置标题的格式，需从【样式】菜单中选择一个样式。

双击【其他样式】列表中的【段落样式】，将其添加到【包括段落样式】列表中，以确定目录包含的内容。

【创建 PDF 书签】选项：将文档导出为 PDF 时，在 Adobe Acrobat 8 或 Adobe Reader 的【书签】面板中显示目录条目。

【替换现有目录】选项：替换文档中现有的所有目录文章。

【包含书籍文档】选项：为书籍列表中的所有文档创建一个目录，重编该书的页码。如果只想为当前文档生成目录，则取消勾选此选项。

【编号的段落】选项：若目录中包括使用编号的段落样式，指定目录条目可包括整个段落（编号和文本）、只包括编号或只包括段落文本。

【框架方向】选项：指定要用于创建目录的文本框架的排版方向。

单击【更多选项】命令，将弹出设置目录样式的选项，如图 4-138 所示。

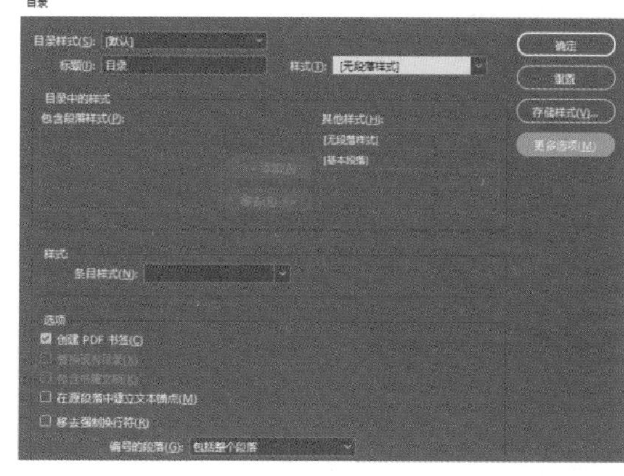

图 4-137

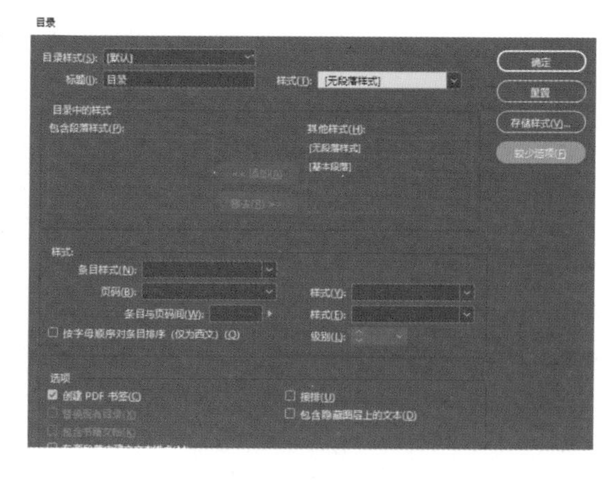

图 4-138

【条目样式】选项：对应【包含段落样式】中的每种样式，可以选择一种段落样式应用到相关联的目录条目。

【页码】选项：选择页码的位置，可以在右侧的【样式】选项中选择页码需要的字符样式。

【条目与页码间】选项：指定要在目录条目及其页码之间显示的字符。可以在弹出列表中选择其他特殊字符。可以在右侧的【样式】选项中选择需要的字符样式。

【按字母顺序对条目排序（仅为西文）】选项：按字母顺序对选定样式中的目录条目进行排序。

【级别】选项：默认情况下，【包含段落样式】列表中添加的每个项目比它的直接上层项目低一级。可以通过为选定段落样式指定新的级别编号来更改这一层次。

【接排】选项：所有目录条目接排到某一个段落中。

【包含隐藏图层上的文本】选项：在目录中包含隐藏图层上的段落。当创建其自身在文档中为不可见文本的广告商名单或插图列表时，选取此选项。

设置需要的选项，如图 4-139 所示，单击【确定】按钮，将出现载入的文本光标，在页面中需要的位置拖曳光标，创建目录。

注意：拖曳光标时应避免将目录框架串接到文档中的其他文本框架。如果替换现有目录，则整篇文章都将被更新后的目录替换。

5. 创建具有定位符前导符的段落样式和目录条目

（1）创建具有定位符前导符的段落样式。

选择【窗口】-【样式】-【段落样式】命令，弹出【段落样式】面板。双击应用目录条目段落样式的名称，弹出【段落样式选项】对话框，单击左侧的【制表符】选项，弹出相应的面板，如图 4-141 所示。选择【右对齐制表符】图标，在标尺上单击放置定位符，在【前导符】选项中输入一个句点（.），如图 4-142 所示，单击【确定】按钮，创建具有制表符前导符的段落样式。

（2）创建具有定位符前导符的目录条目。

创建具有定位符前导符的段落样式。选择【版面】-【目录】命令，弹出【目录】对话框，在【包含段落样式】列表中选择在目录显示中带定位符前导符的项目，在【条目样式】选项中选择包含定位符前导符的段落样式，单击【更多选项】按钮，在【条目与页码间】选项中设置（^t），如图 4-142 所示，单击【确定】按钮，创建具有定位符前导符的目录条目。

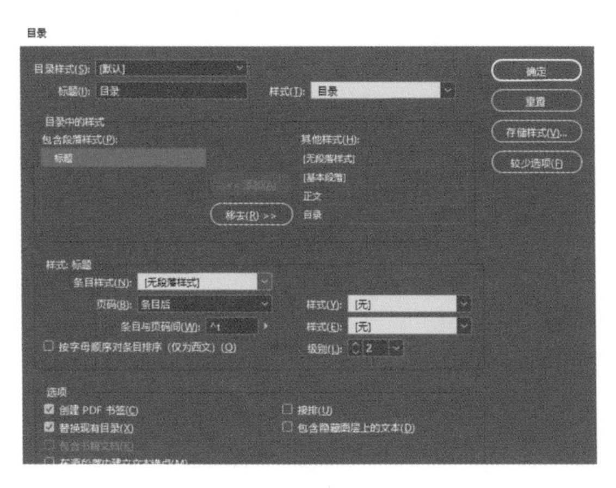

图 4-139

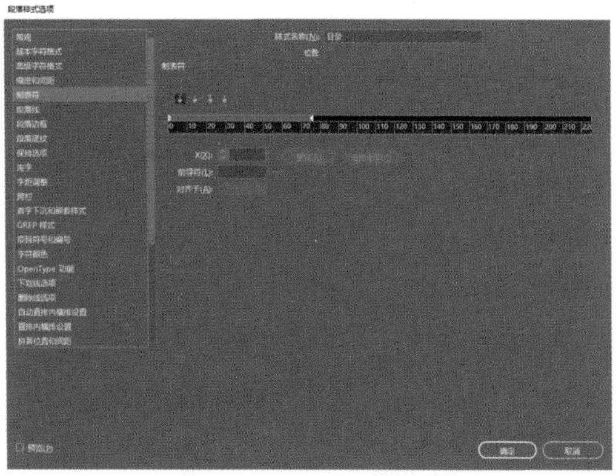

图 4-140

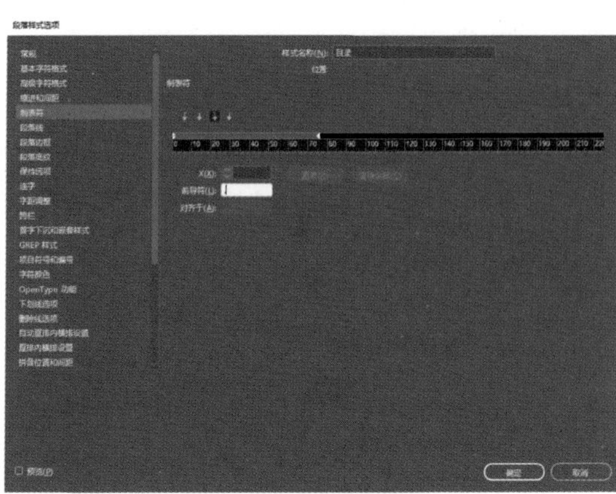

图 4-141

图 4-142

三、学习任务小结

通过本次任务的学习和实训，同学们初步掌握了运用 Adobe InDesign CC 2019 软件制作杂志目录的方法和步骤。杂志目录设计的课堂实训，提高了同学们制作杂志目录的熟练程度。课后，大家要对本次课所学的基本操作进行反复练习，不断提高实操技能。

四、课后作业

运用 Adobe InDesign CC 2019 软件制作一个旅游项目的目录。

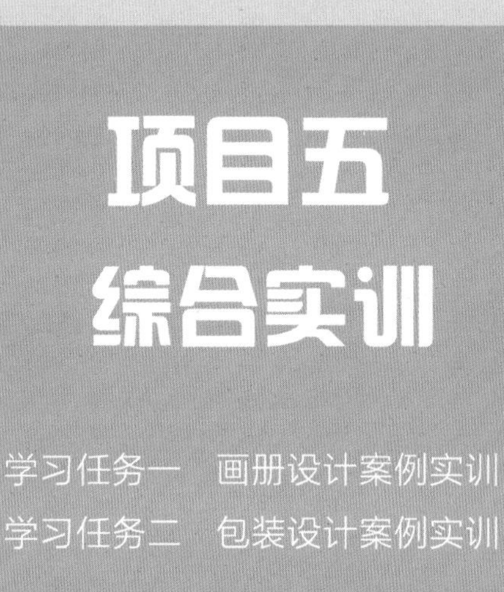

项目五 综合实训

学习任务一　画册设计案例实训

学习任务二　包装设计案例实训

画册设计案例实训

教学目标

（1）专业能力：了解画册和书籍的区别，以及画册设计的常用开本；能够运用 Adobe InDesign CC 2019 进行各类画册的设计制作。

（2）社会能力：了解不同画册的设计风格和主要特征。

（3）方法能力：画册设计实践操作能力、资料整理和归纳能力，沟通和表达能力。

学习目标

（1）知识目标：了解软件编排页面的方法。

（2）技能目标：掌握主页的设计制作和使用技巧，以及页面和跨页设置的技巧，章节页码设置以及段落样式设置和使用方法要点。

（3）素质目标：能够快速编排页面，减少排版工作中不必要的重复工作，使工作更加高效，提升自己的综合职业能力。

教学建议

1. 教师活动

（1）教师讲解画册和书籍设计的特点和注意事项，提高学生对画册设计的认识。同时，运用多媒体课件、示范操作等多种教学手段，讲解画册页面、页码、章节、段落样式、图层等的设置方法，并分析画册版面设计要点，指导学生运用软件进行画册制作。

（2）将画册设计的要点融入课堂教学，引导学生结合软件特点进行画册版面设计。

2. 学生活动

（1）认真观看老师示范操作，完成画册练习操作。

（2）选取优秀的学生作业进行现场展示和讲解，训练学生的语言表达能力和沟通协调能力。

一、学习问题导入

各位同学，大家好！本次任务我们一起来学习如何运用 Adobe InDesign CC 2019 软件进行画册设计制作，同学们之前学过 Adobe InDesign CC 2019 软件的一些操作技巧，了解到 InDesign 软件在排版方面的强大功能，通过本案例实操对 Adobe InDesign CC 2019 软件排版功能做综合应用。本次课要求大家在进行画册设计制作的时候了解版面设计原则，以及 Adobe InDesign CC 2019 软件的基础知识。

二、学习任务讲解

本案例是介绍潮汕文化的画册。在设计制作过程中，案例选用潮汕地区的人文图片，很贴合主题设计，能很好地引导读者阅读画册内容，整体风格简洁大方。本案例设计的效果如图 5-1 ~图 5-5 所示。

图 5-1

图 5-2

图 5-3

图 5-4

图 5-5

1. 制作主页和章节页面设置

（1）点击【文件】-【新建】-【文档】，设置页面宽度为 210 毫米，高度为 297 毫米，20 页，如图 5-6 所示。单击【边距和分栏】按钮，设置上页边距为 20 毫米，点击按钮，边距全部为 20 毫米，如图 5-7 所示。单击【确定】按钮，完成新文件设置，如图 5-8 所示。

（2）单击【页面】面板，右键弹出对话框取消【允许文档页面随机排布】选项，如图 5-9 所示，回到页面，把最后（第 22 页）往前调到（第 1 页），这样画册全部变成左右页，页面从右边开始，如图 5-10 所示。

（3）点击【页面】面板选项卡【主页】，点击新建按钮生成 B 主页，如图 5-11 所示。

（4）点击 B 主页，点击工具栏【文字工具】，在窗口页面中画个框，这时有个字符在闪动，选择菜单栏【字体】-【插入特殊字符】-【标字符】-【当前页面】（快捷键 Ctrl+Alt+Shift+N），闪动的字体变成“B”，把文字符移到“B”前面，输入“PAGE/”，全部选择“PAGE/B”，设置字体为“方正大黑简体”，字号为 10 点，设置颜色值（C=0 M=0 Y=0 K=50）。点击工具栏【画线工具】画直线，设置颜色（C=0 M=100 Y=0 K=0），放在页码上方合适位置，如图 5-12 所示。全选“PAGE/B”和红线，按住 Alt 键拖动到 B 主页左边页的左下角页码位置，更改红线位置到左边，如图 5-13 所示。

图 5-6

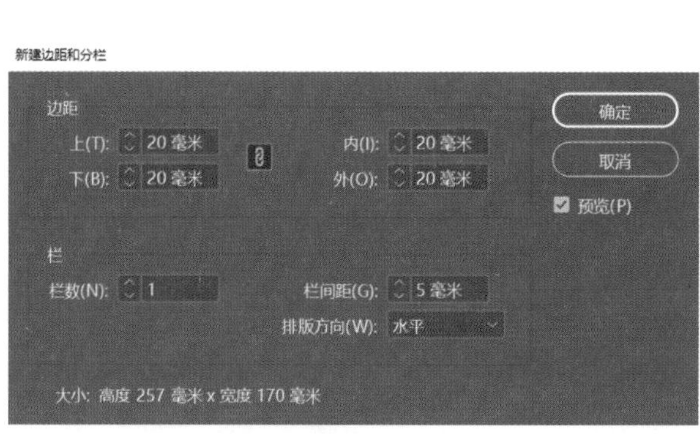

图 5-7

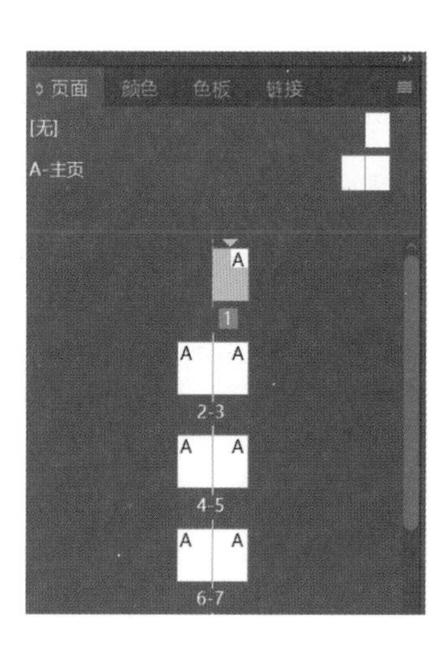

图 5-8

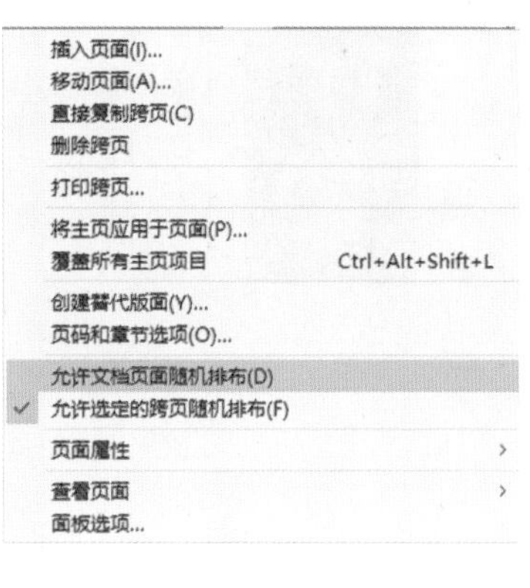

图 5-9

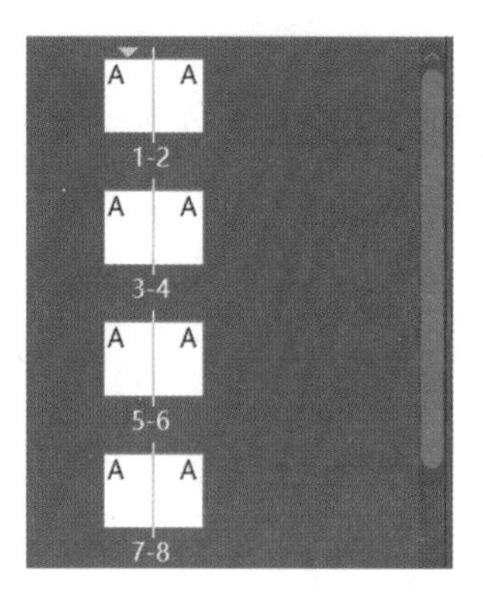

图 5-10

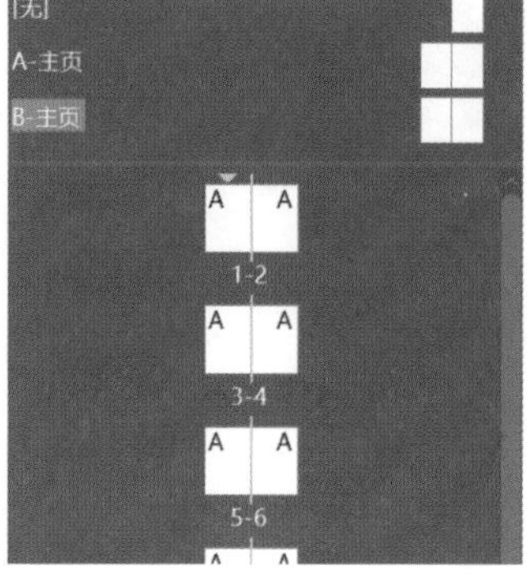

图 5-11

PAGE/B

图 5-12

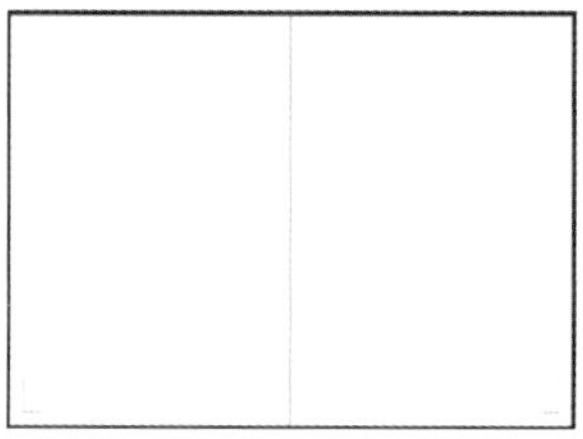

（5）点击页面 B 主页，右键弹出对话框，选择【将主页应用于页面】-【于页面: 3-22】，点击【确定】按钮，如图 5-14 所示，完成 B 主页应用于页面设置操作，如图 5-15 所示。

图 5-13

（6）点击页面应用 B 主页中页码“3”，如图 5-16 所示，右键弹出对话框选择【页码和章节选项】-【开始新章节】-【起始页码】-【样式（下拉选择第二个选项）】，点击【确定】按钮，如图 5-17 所示。完成主页对页面的设置，如图 5-18 所示。

2．画册封面和封底设计制作

（1）选择【图层】面板选项卡，在【图层】中新建图层，在图层 1 进行操作。在窗口页面点击 Ctrl+D（置入）打开“素材 5.1\ 封面”图片，放在右边页面中下方合适位置，如图 5-19 所示。

（2）按住 Alt 键复制图片，如图 5-20 所示。拉到图片下方的蒙版控制线，隐藏图片下方图案，只留出天空的位置，如图 5-21 所示。把图片拉到右边图片的上方天空处连接，按住 Ctrl 键，拉动复制移动的图片上方的蒙版，拉动图片到合适的位置，这样可以加大城楼天空空间，可以拼接修改让封面图片的天空底色协调，如图 5-22 所示。

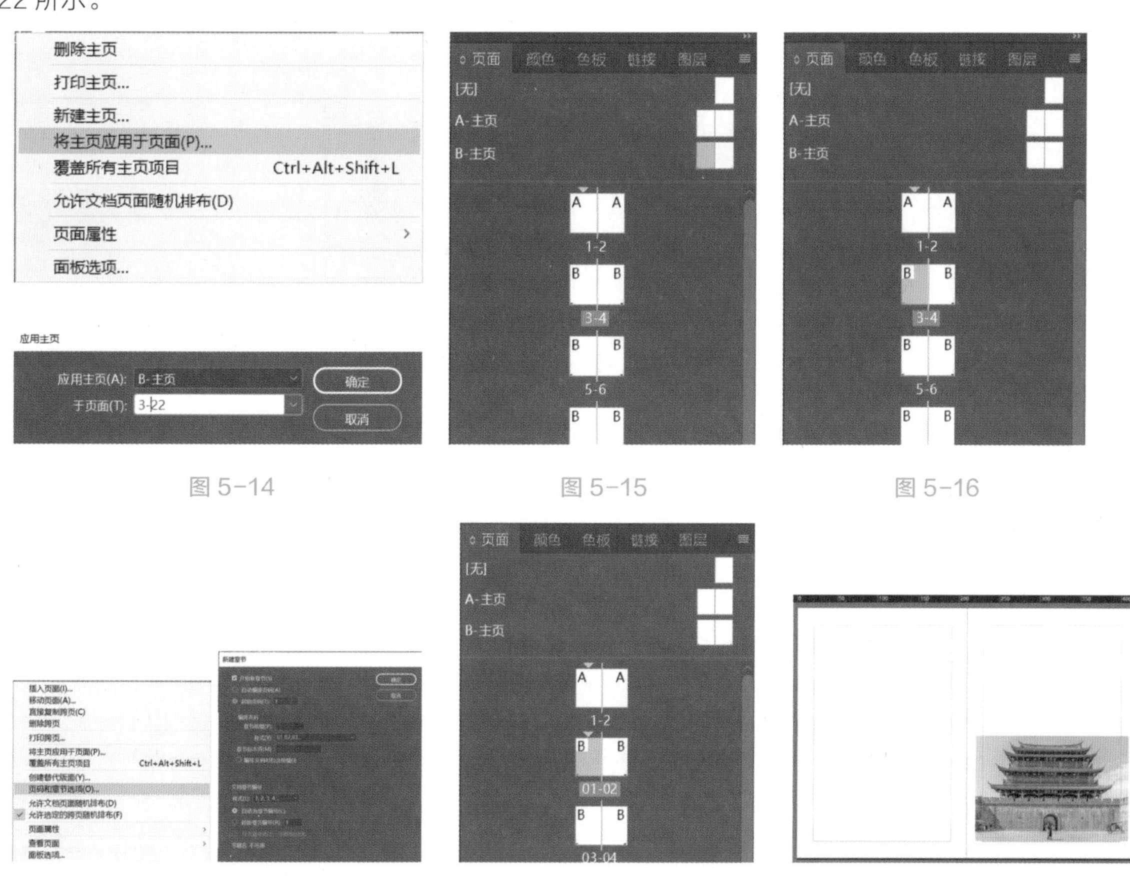

图 5-14　　图 5-15　　图 5-16

图 5-17　　图 5-18　　图 5-19

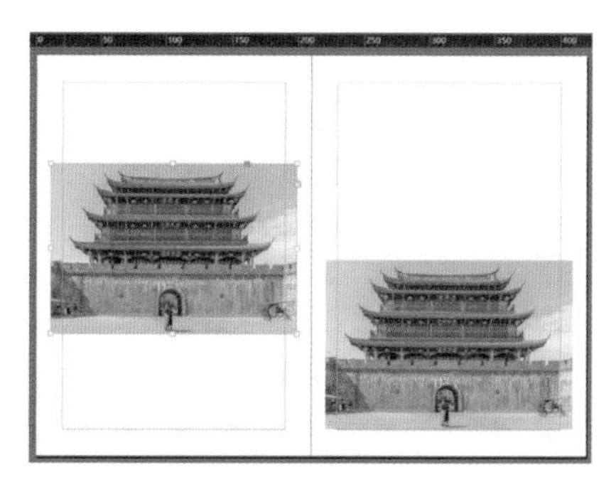

图 5-20

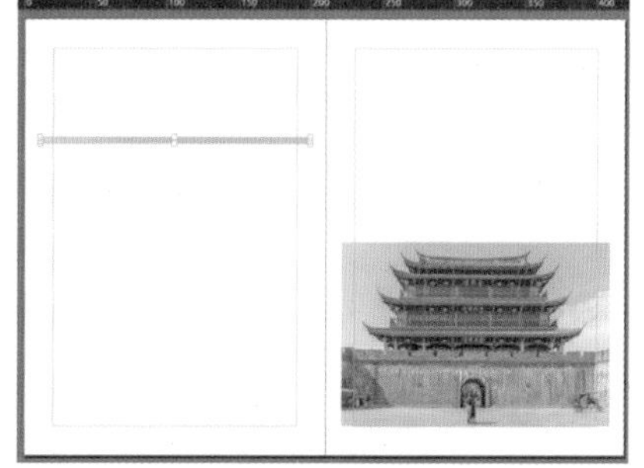

图 5-21

图 5-22

（3）选择【图层】面板选项卡，在【图层】中新建图层，在图层 2 进行操作。点击工具栏矩形工具，画出和封面图片一样大小的矩形，并填充颜色（C=100 M=0 Y=0 K=0），如图 5-23 所示。选择所填充蓝色矩形，点击右键弹出对话框，点击【基本混合】—【模式】—【为正片叠底】，如图 5-24 所示。这时图片与封面图片叠加呈蓝色效果，如图 5-25 所示。点击右边【色板】版面，调整色调透明度为 25%，如图 5-26 所示。经过调整，封面图片色调变成蓝灰色，如图 5-27 所示。

（4）选择【图层】面板选项卡，在【图层】中新建图层，在图层 3 进行操作。按住工具栏矩形工具在版面画出矩形框，输入画册标题文案“潮汕文化介绍”，并设置字体为方正姚体，字号为 106 点，颜色为（C=100 M=90 Y=10 K=0），点击属性栏字间距为 127，把文字放在合适位置，如图 5-28 所示。

（5）选择【图层】面板选项卡，在图层 3 进行操作。点击 Ctrl+D 置入素材“封面文案”到右边封面版面，如图 5-29 所示。选择字体为黑体，颜色为白色，字号 18 点；“编著 吴雕强”字体为仿宋，字号 10 点，颜色为黑色，设置“广东省交通城建技师学院出版”字体为宋体，字号 10 点，并把字排在合适的位置，如图 5-30 所示。

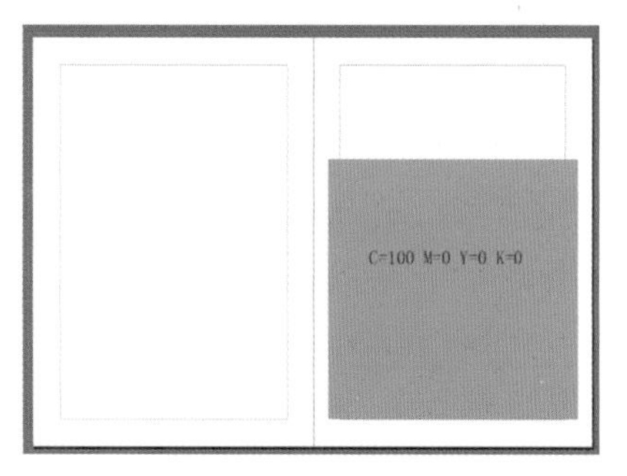

图 5-23

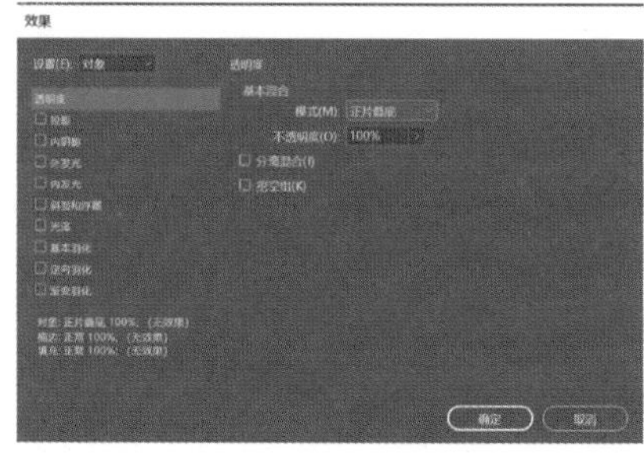

图 5-24

图 5-25

图 5-26

图 5-27

图 5-28

图 5-29

图 5-30

（6）选择【图层】面板选项卡，在图层 1 进行操作。鼠标点击工具栏【矩形工具】，画出和封面图片一样大小的矩形，并填充颜色为 C=100 M=0 Y=0 K=0，如图 5-31 所示，锁定图层 1。

（7）选择【图层】面板选项卡，在图层 2 进行操作。在页面点击 Ctrl+D 置入素材，打开素材“潮绣 2”，如图 5-32 所示。将图片放在左边合适位置，点击工具栏【椭圆工具】，按住 Shift 键画出和图片中一样大小的正圆，填充颜色为黑色，如图 5-33 所示。右键点击图片，在弹出的对话框中选择【剪切】，如图 5-34 所示。再在版面中点击所画的黑色正圆，右键在弹出的对话框中选择【贴入内部】，如图 5-35 所示。这时图片粘贴到正圆内部，可以双击圆框中的图片调整位置，使之放在正圆的合适位置，如图 5-36 所示。

图 5-31

图 5-32

图 5-33

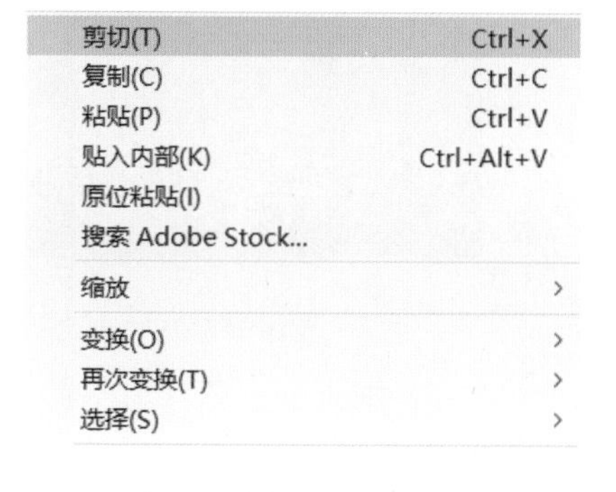

图 5-34

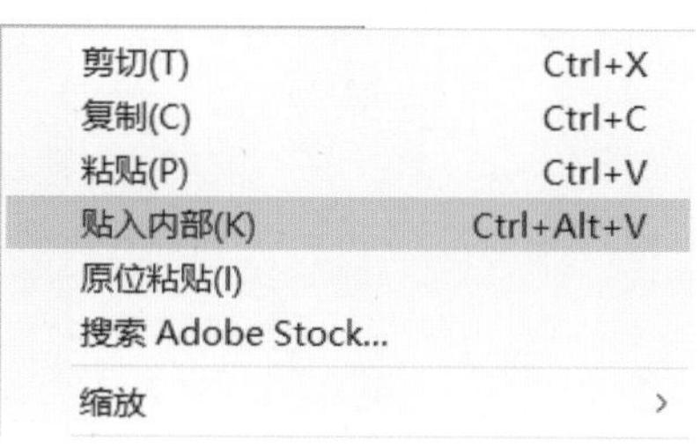

图 5-35

图 5-36

（8）选择【图层】面板选项卡，在【图层】中新建图层，在图层 3 进行操作。点击 Ctrl+D 置入素材“封底文案”到左边封底版面，如图 5-37 所示。点击工具栏文字工具，设置文字为竖排，选择字体为黑体，字号 14 点，颜色为白色，排在合适的位置，如图 5-38 所示，完成封面和封底设计制作。

图 5-37

图 5-38

4. 画册目录页设计制作

（1）选择【图层】面板选项卡，在图层 1 进行操作。在页面 3/4 中置入素材“地图”，选择【图层】面板选项卡，在图层 2 进行操作。在页面 3\4 中置入素材“木雕 2”“潮汕潮州嵌瓷”“广东潮汕民间祭祀”“广济桥”“潮绣 1”“陈家祠”“潮剧 1”多张图片，按比例排列好图片，如图 5-39 所示。

（2）选择【图层】面板选项卡，在图层 3 进行操作。在左边页面置入素材“画册文案”扉页文案，如图 5-40 所示。

（3）点击菜单栏【文字】-【段落样式】，弹出对话框选择【段落样式】，点击 图标新建两个段落样式层，点击段落样式 1 层改名为“序言标题”，如图 5-41 所示。点击段落样式 2 命名为“序言”，如图 5-42 所示。这样修改编辑版面方便查找与更改文案字体。

（4）点击打开“序言”【段落样式】选项，弹出对话框，如图 5-43 所示。点击【基本字符格式】，【字体系列】为楷体，大小为 12 点，行距为 14 点，其余默认；选择【缩进和间距】，设置首行缩进为 9 毫米，点击【确定】，如图 5-44 所示。回到版面页面选择文本，点击段落样式“序言”层，文本即变成设置的样子，如图 5-45 所示。

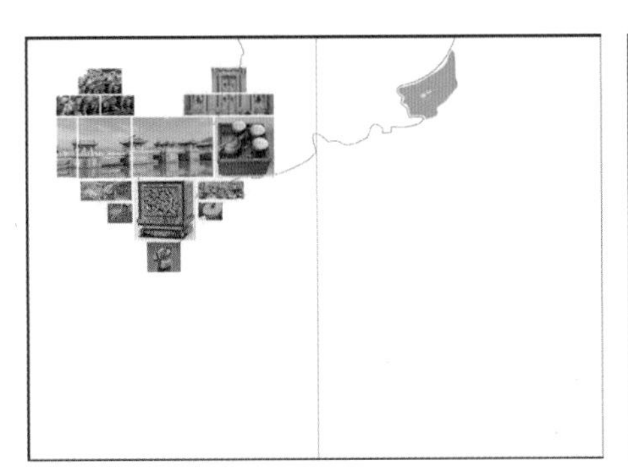

图 5-39

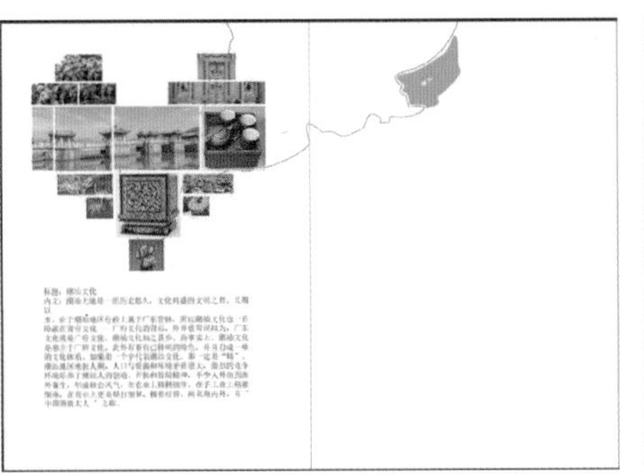

图 5-40

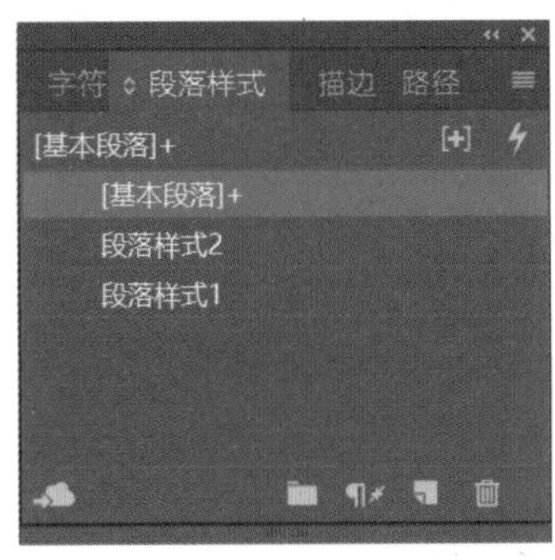

图 5-41

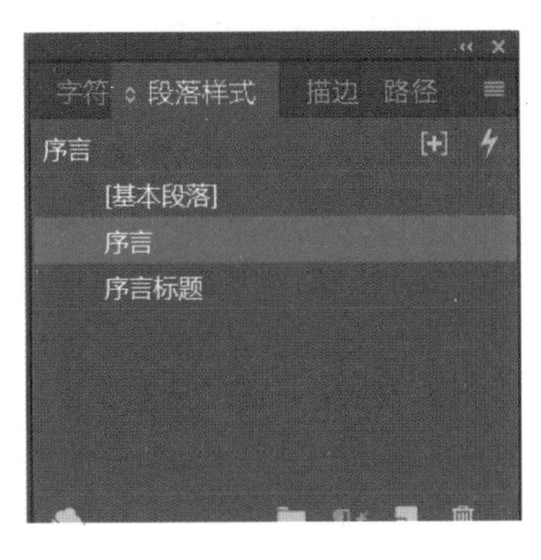

图 5-42

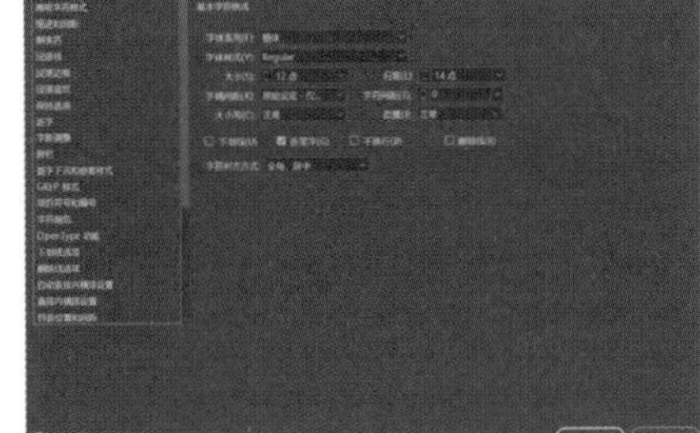

图 5-43

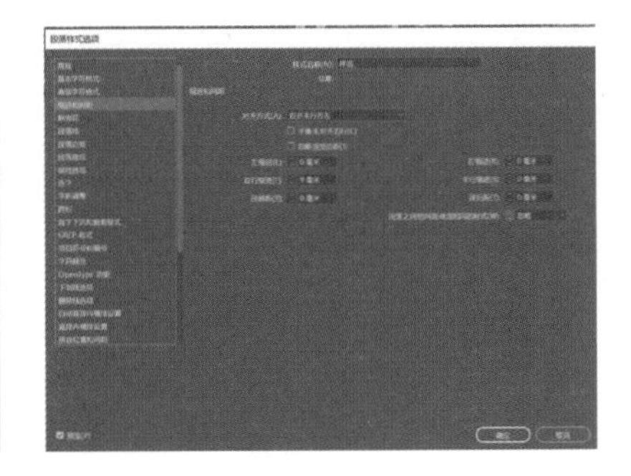

图 5-44

点击打开“序言标题”【段落样式选项】弹出对话框，如图 5-46 所示。点击【基本字体格式】，【字体系列】为华文隶书，大小为 45 点，点击【确定】。回到版面页面选择“潮汕文化”，点击段落样式“序言标题”层，即设置完成，如图 5-47 所示。

（5）选择【图层】面板选项卡，在图层 3 进行操作。置入素材“目录文案”点击“潮汕文化八大部分”，点击工具栏【直排文字工具】 ，【字体系列】为华文隶书，大小为 19 点，放在右上方合适位置，如图 5-48 所示。

（6）点击版面中目录文案，按照图 5-49 把文案进行归类。

图 5-45

（7）新建【段落样式层】，命名为“目录标题”，如图 5-50 所示。双击“目录标题”层弹出对话框，选择【基本字符格式】，字体系列为方正粗黑宋简体，大小为 18 点，如图 5-51 所示。其余默认，点击【确定】回到窗口页面。

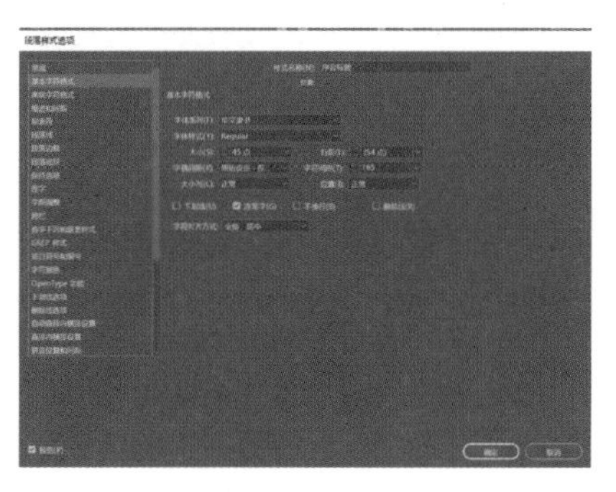

图 5-46

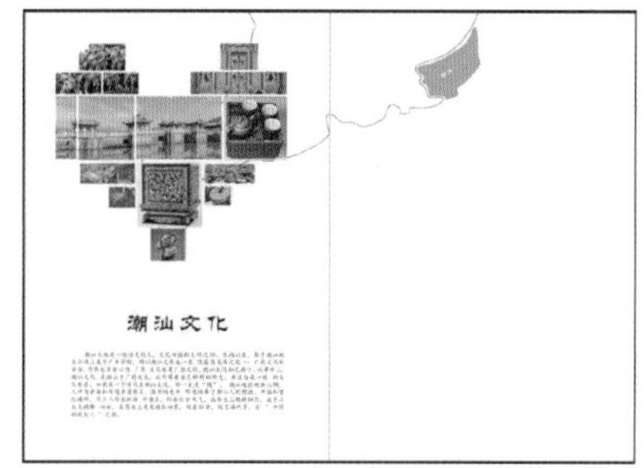

图 5-47

图 5-48

图 5-49

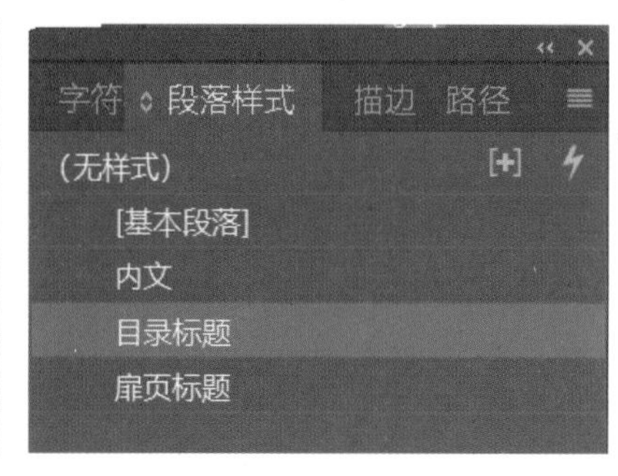

图 5-50

（8）在窗口页面文案中选择标题文案“潮汕人文”，然后点击【段落样式】目录标题层，字体更改为设置的方正粗黑宋简体；选择页面文案“善堂 潮汕方言”，点击【段落样式】“序言”层，字体更改为设置的楷体，选择字体，设置行距为18.4，如图5-52所示。分别在“潮汕民俗、潮汕建筑”等目录上进行上述操作，改变标题字体设置，如图 5-53 所示。

（9）在页面版面中输入“01”至“08”数字，在段落样式中设置字体为“粗宋”，字号为 18 点，颜色为 C=0 M=0 Y=0 K=50，分别把改好的数字放在每个目录前，如图 5-54 所示。

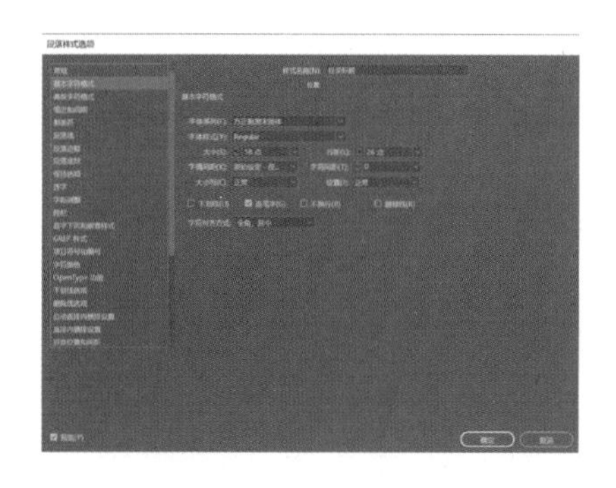

图 5-51

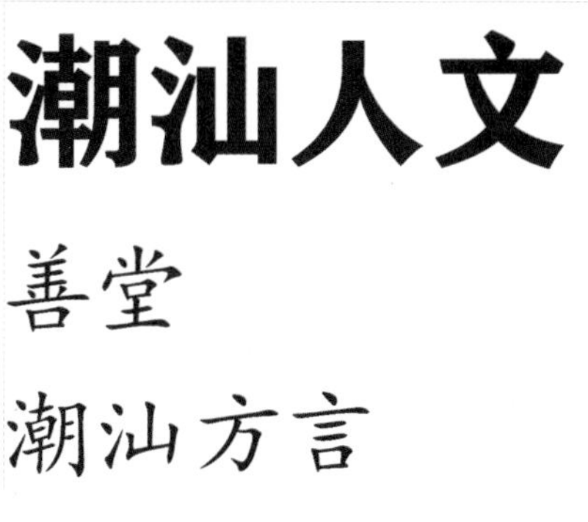

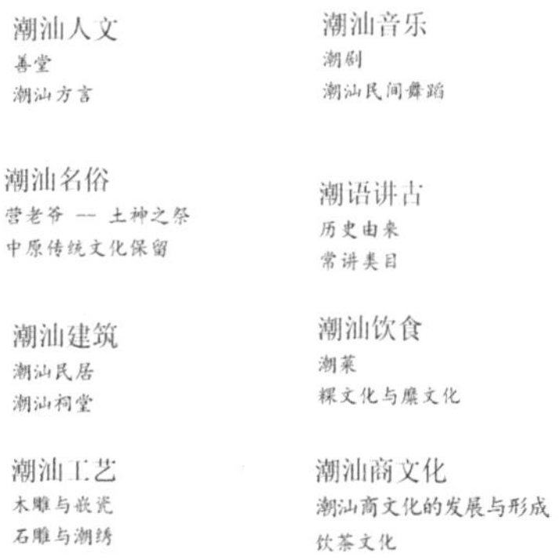

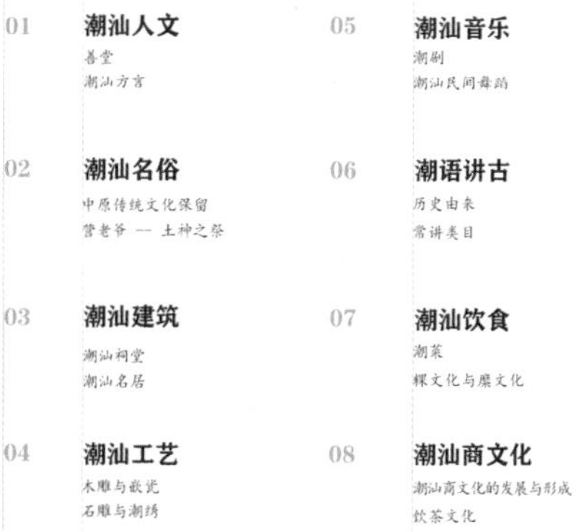

潮汕人文

善堂

潮汕方言

图 5-52

潮汕人文
善堂
潮汕方言

潮汕音乐
潮剧
潮汕民间舞蹈

潮汕名俗
营老爷 — 土神之祭
中原传统文化保留

潮语讲古
历史由来
常讲类目

潮汕建筑
潮汕民居
潮汕祠堂

潮汕饮食
潮菜
粿文化与糜文化

潮汕工艺
木雕与嵌瓷
石雕与潮绣

潮汕商文化
潮汕商文化的发展与形成
饮茶文化

图 5-53

01 **潮汕人文**
善堂
潮汕方言

05 **潮汕音乐**
潮剧
潮汕民间舞蹈

02 **潮汕名俗**
中原传统文化保留
营老爷 — 土神之祭

06 **潮语讲古**
历史由来
常讲类目

03 **潮汕建筑**
潮汕祠堂
潮汕名居

07 **潮汕饮食**
潮菜
粿文化与糜文化

04 **潮汕工艺**
木雕与嵌瓷
石雕与潮绣

08 **潮汕商文化**
潮汕商文化的发展与形成
饮茶文化

图 5-54

（10）在页面中输入“PAGE/01”至“PAGE/22”页码，在段落样式中设置字体为方正大黑简体，字号为 9 点，颜色为 C=0 M=0 Y=0 K=50，分别把改好的页码放在每个目录前。用工具栏的钢笔工具画条线，颜色为 C=0 M=100 Y=0 K=0，放在每个标题前，即完成标题设计制作，如图 5-55 所示。

（11）新建段落样式，命名为“篇幅标题”，双击“篇幅标题”层弹出对话框，在【段落样式选项】中设置字体系列为方正大黑简体，大小为 10 点，如图 5-56 所示。选择【高级字符格式】，字符前的空格为 1/3...，如图 5-57 所示。选择【字符颜色】，设置颜色（C=0 M=0 Y=0 K=50），如图 5-58 所示，完成段落样式设置。

选择工具栏【直排文字工具】，输入“目录”，放在页码位置的红色线条上方，点击【段落样式】“篇幅标题”层即改变“目录”字体为设置的字体。拖动“目录”按住 Alt+Shift 键，移动到右边页码红色线上方，如图 5-59 所示，即完成目录页的设计制作。

5. 画册正文页面设计制作

（1）选择图层 2，在页面 3 和页面 4 窗口页面中置入素材“善堂”图片，拉动图片边缘红色蒙版线调整图片大小，并放在合适位置，如图 5-60 所示。

图 5-55

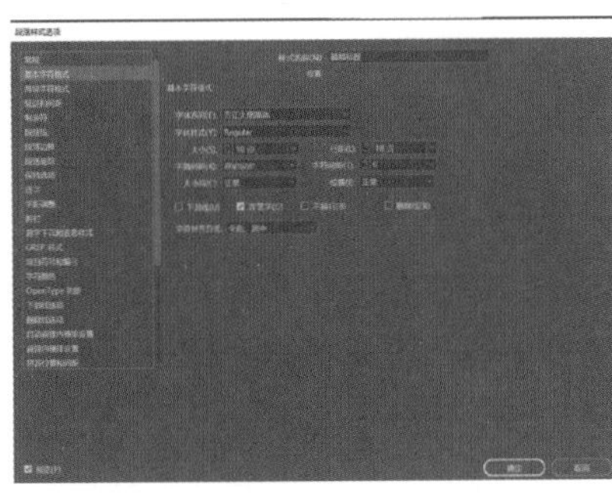

图 5-56

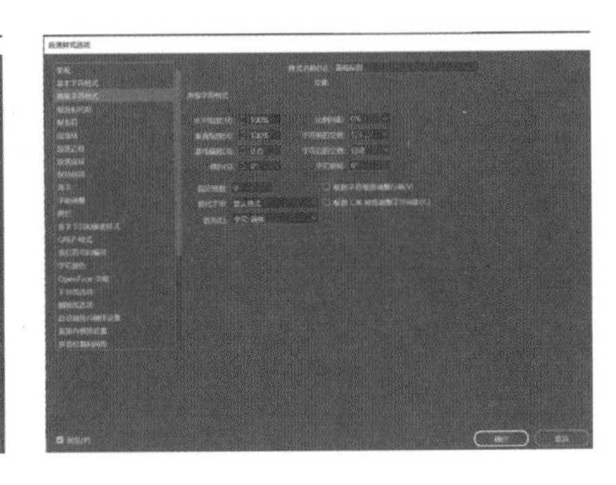

图 5-57

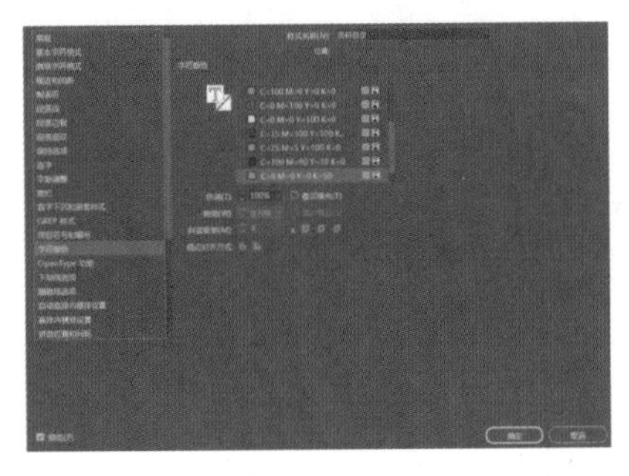

图 5-58

图 5-59

图 5-60

（2）新建段落样式，命名为“正文数字”，点击段落样式“正文数字”层弹出对话框，选择设置【基本字符格式】，【字体系列】为微软雅黑，大小为 180 点，字体样式为 bold，如图 5-61 所示。选择【字符颜色】-【颜色】（C=0 M=0 Y=0 K=50），如图 5-62 所示。

（3）选择图层 1，在窗口页面中输入“01”，点击正文数字，字体设置完成，如图 5-63 所示。

（4）新建段落样式层，命名为“正文二级标题”，选择设置【基本字符格式】，【字体系列】为宋体，大小为 20 点，如图 5-64 所示。

（5）新建段落样式层，命名为“正文”，选择设置【基本字符格式】，【字体系列】为楷体，大小为 11 点，如图 5-65 所示。选择【缩进与间距】，首行缩进 8 毫米，如图 5-66 所示。

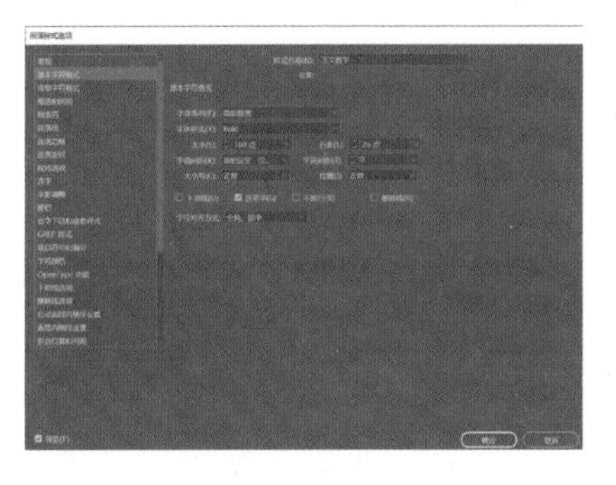

图 5-61

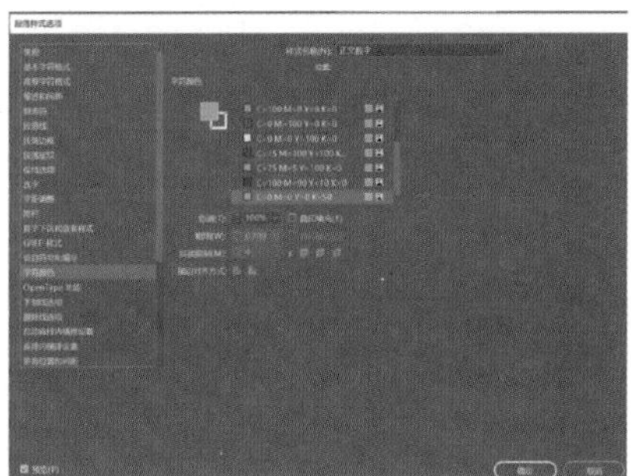

图 5-62

图 5-63

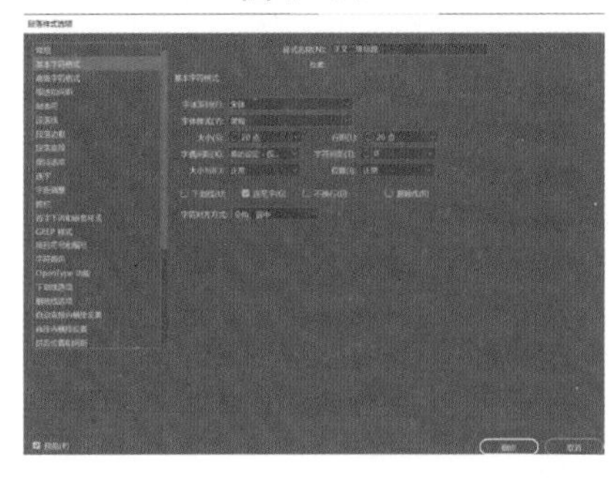

图 5-64

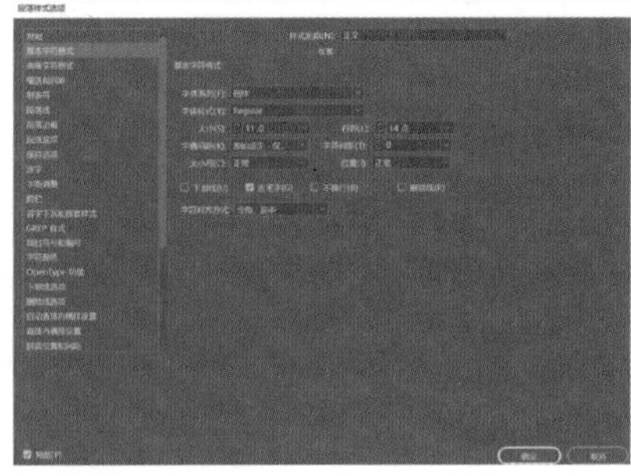

图 5-65

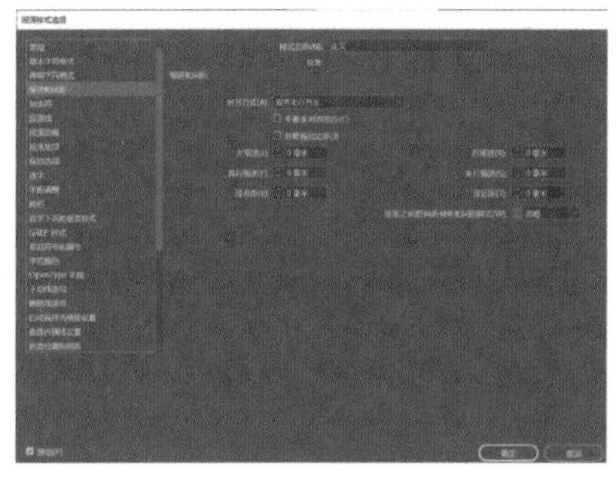

图 5-66

（6）在主页“3-4”页窗口页面中置入素材“善堂和潮汕方言文案”，放在页面适当的位置。选择图层 3，剪切“善堂”段落文案复制到窗口左边页面，选择标题“善堂”字体，点击段落样式“正文二级标题”层，“善堂”字体设置完成。选择其余文案点，击段落样式“正文”，完成字体设置。复制置入的文案“潮汕方言”段落到右边窗口页面，选择标题“潮汕方言”，点击段落样式“正文二级标题”层，“潮汕方言”设置完成，选择其余文案点击段落样式“正文”，字体变成预先设置的样子。

选择工具栏【直排文字工具】，输入“目录”，放在左下角页码位置的红色线条上方，点击段落样式“篇幅标题”层，即改变“目录”字体为设置的字体，拖动“目录”按住 Alt+Shift 键，移动到右边页码红色线上方，即完成 B 主页“3-4”页设计，如图 5-67 所示。

（7）选择图层 2，在“5-6”页窗口页面中置入素材“潮汕元宵节抬老爷巡游民俗和烧塔”图片，拉动图片边缘红色蒙版线调整图片大小，并放在合适位置，如图 5-68 所示。

（8）在主页“5-6”页窗口页面中置入素材“中原传统文化保留和营老爷 —— 土神之祭文案”，放在页面适当的位置。选择图层 3，选择标题“营老爷 ——土神之祭”字体，点击段落样式“正文二级标题”层，标题变成预先设置的样子。选择“营老爷——土神之祭”段落文案复制到窗口左边页面。选择文案点击段落样式“正文”，字体变成预先设置的样子；复制 Ctrl+D 置入文案“中原文化保留”段落文案到右边窗口页面。选择标题“中原文化保留”，点击段落样式“正文二级标题”层，标题变成预先设置的样子，选择其余文案点击段落样式“正文”，字体变成预先设置的样子。

选择工具栏【直排文字工具】，输入“潮汕民俗”，放页码位置的红色线条上方，点击段落样式“页码目录”层即改变“潮汕民俗”字体为设置的字体，拖动“目录”按住 Alt+Shift 键，移动到右边页码红色线上方，即完成 B 主页“3-4”页设计，如图 5-69 所示。

（9）以下版面设计制作参照上述步骤，置入图片后选择文案点击段落样式命令，字体设置完成，如图 5-70 所示。

5. 画册保存设置

（1）点击菜单栏【文件】-【打包】弹出对话框，点击【打包】按钮，如图 5-71 所示。查看对话框“小结”

图 5-67

图 5-68

图 5-69

有没有提醒错误，如果有错误就要在版面中进行修改。点击【记事本】，会看到画册的相关信息，如图 5-72 所示。

（2）点击【打包】-【确定】-【打包】，文档进度条如图 5-73 所示，文件自动打包完成。

（3）打包完成后，找到打包的文件夹，双击鼠标打开，如图 5-74 所示。

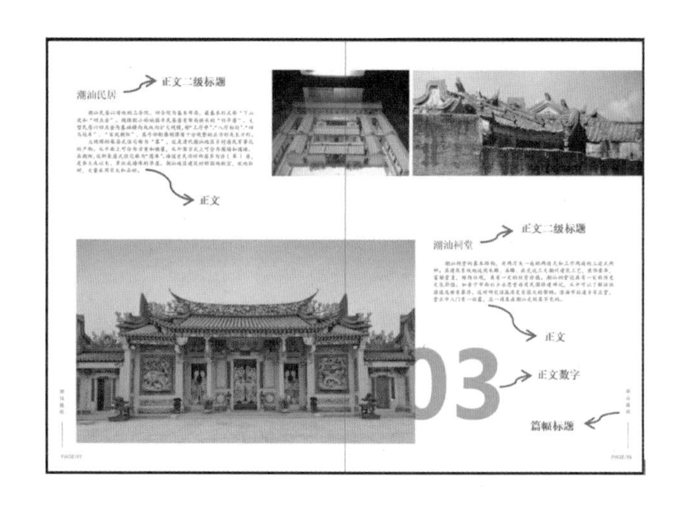

图 5-70

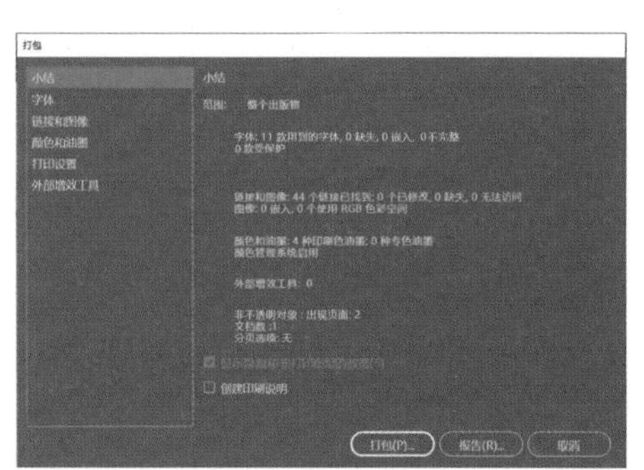

图 5-71

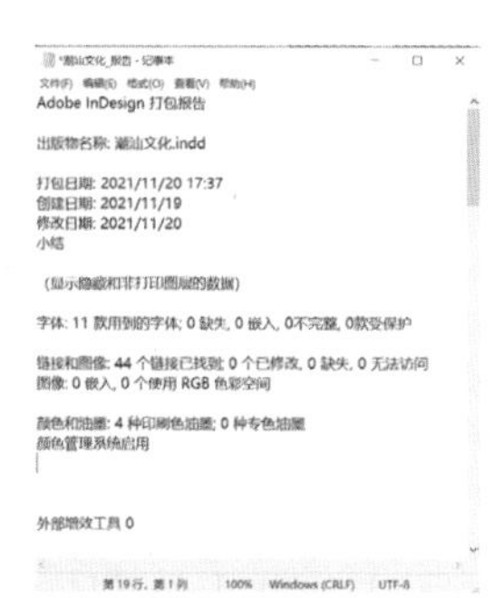

图 5-72

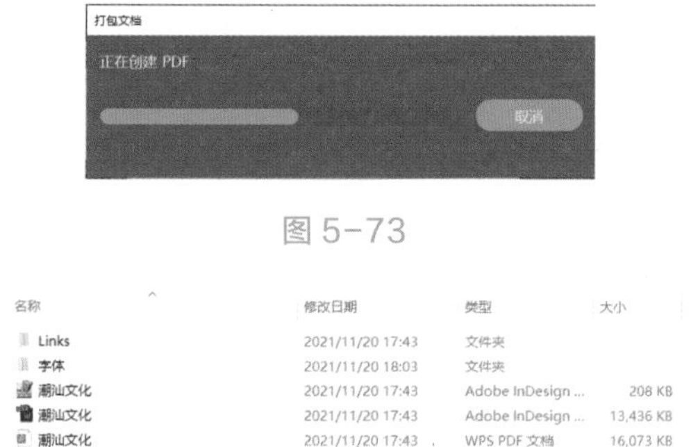

图 5-73

图 5-74

三、学习任务小结

通过本次课的学习和实训，同学们初步掌握了运用 Adobe InDesign CC 2019 软件制作画册的方法和步骤。同学们通过潮汕文化画册的课堂实训，掌握了画册封面、目录页和正文页的制作方法。课后，大家要对本次课所学的基本操作命令反复练习，不断提高实操技能。

四、课后作业

运用 Adobe InDesign CC 2019 软件设计制作三页体现客家文化的画册。

包装设计案例实训

教学目标

（1）专业能力：能根据任务要求，进行包装设计与制作任务的分析，能运用 Adobe InDesign CC 2019 软件制作包装设计。

（2）社会能力：能在包装设计与制作的过程中精益求精，认真细致，讲究工匠精神。

（3）方法能力：能收集相关包装设计案例资料，对包装设计的案例归纳分析，吸收借鉴。课堂上小组活动主动承担责任，相互帮助。课后在专业技能上主动多实践

学习目标

（1）知识目标：掌握运用 Adobe InDesign CC 2019 软件制作包装设计作品的方法与步骤。

（2）技能目标：能结合设计创意并运用 Adobe InDesign CC 2019 软件制作包装设计作品。

（3）素质目标：具备创意思维能力和艺术表现能力，同时能大胆、清晰地讲解自己的作品，具备团队协作能力和语言表达能力。

教学建议

1. 教师活动

（1）教师引入本次学习任务情境，示范运用 Adobe InDesign CC 2019 软件制作包装设计作品的方法与步骤。

（2）教师需要在学生进行包装设计与制作训练过程中，引导学生对包装设计进行细节的观察与分析，体会 Adobe InDesign CC 2019 软件中的工具与命令操作方法与技巧。

（3）教师引导学生举一反三，综合运用 Adobe InDesign CC 2019 软件中的工具与命令进行不同案例包装设计与制作。

2. 学生活动

（1）根据教师给出的包装设计与制作的学习任务，学生认真聆听、观察教师对包装设计案例的演示操作，同时记录操作方法与技巧。

（2）学生在包装设计与制作过程中，能够熟悉包装设计的制作方法与技巧，利用 Adobe InDesign CC 2019 软件的工具和命令将包装设计成规范的印前输出电子文件，并与教师进行良好的互动和沟通，同时能够举一反三，运用本次课的宣传海报设计方法与制作技巧进行不同任务的尝试。

一、学习问题导入

各位同学，大家好！我们先看一款茶叶包装设计确稿后的设计三维效果图，如图 5-75 所示。接下来我们将利用 Adobe InDesign CC 2019 软件完成这款包装盒平面展开图规范的印前输出电子文件的制作。

二、学习任务讲解

本案例以西湖龙井作为包装设计对象，选用中国元素贴合茶叶包装的主题设计，效果图如图 5-75 所示。包装盒的翻盖结构易于应用到生产中，并能起到促进茶叶销售的作用，能有效达到茶叶的保质要求，并能让包装可以有后续的应用。

图 5-75

1. 包装各部位尺寸设计

“清朗龙井茶”包装盒结构如图 5-76 所示。

2. 实训任务二：展示面设计与制作

（1）新建页面，执行【菜单】-【文件】-【文档】命令（快捷键 Ctrl+N），新建一个页面，大小为 174 毫米 ×125 毫米，出血线为 0 毫米，上下左右边距为 0 毫米，如图 5-77 所示。

（2）执行【选择工具】命令，按照要求从标尺处拖出参考线进行区域划分，划分后执行【矩形工具】或【矩形框架工具】画出相应的区域框架，将素材图片导入或拖入框架中，通过单击“同心圆”图标调整素材图片显示的最佳位置，双击框架中的素材图片进行等比缩放让图案呈现最佳视觉比例效果，如图 5-78 所示。

导入素材如果是灰度模式 TIFF 格式的图案，可以通过双击该图片，执行【属性】-【外观】-【填色】命令修改颜色色值，如图 5-79 所示。

（3）添加“logo”“杯子”“祥云符号”素材丰富展示面，注意素材不要添加太多，以免影响主次关系。执行【文字工具】命令输入“龙井”二字进行编辑，竖排，字体类型可以选用表现中国茶文化的书法字体（这里选用草檀斋毛泽东字体），字体大小根据页面大小自定义。辅助文字“净含量：500 克”字体类型为细黑，字体大小自定义，执行【群组】命令进行群组，如图 5-80 所示。

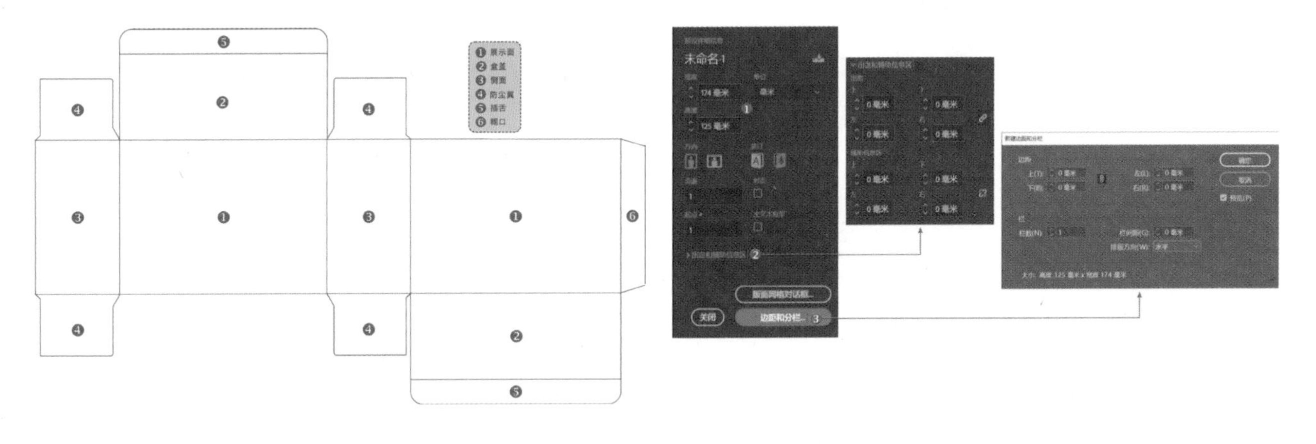

图 5-76　　　　图 5-77

①展示面：174 毫米 ×125 毫米；②盒盖：174 毫米 ×70 毫米；③侧面：70 毫米 ×125 毫米；④防尘翼：70 毫米 ×50 毫米；⑤插舌：174 毫米 ×20 毫米；⑥糊口：20 毫米 ×125 毫米。

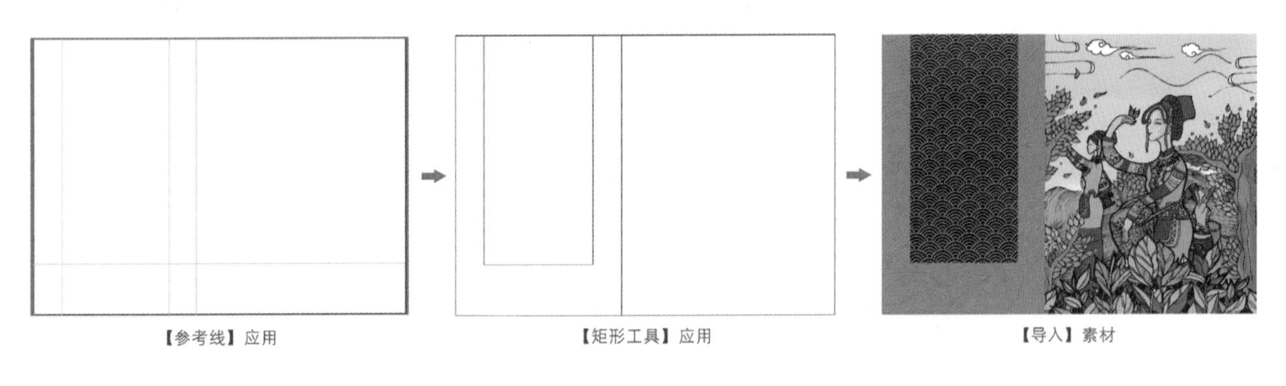

图 5-78

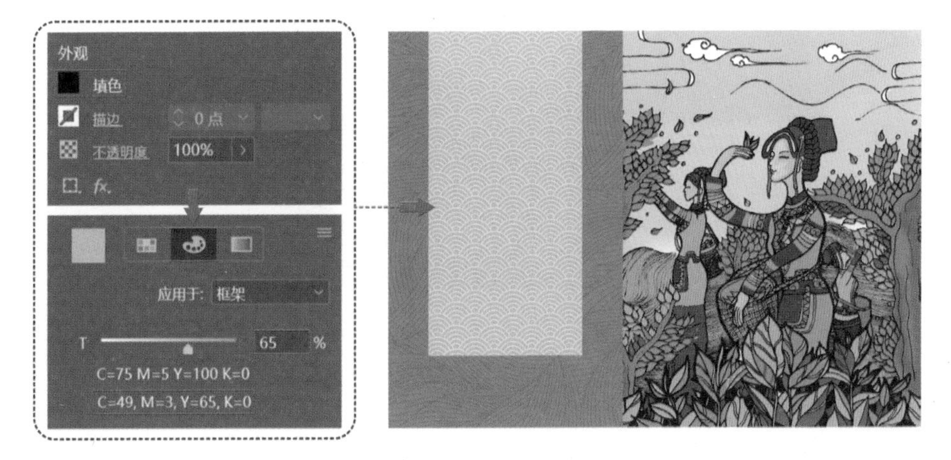

图 5-79

（4）广告语的编排执行【钢笔工具】命令，画出路径曲线，复制一条同样的路径，并调整曲度，与第一条路径有所区别。执行【路径文字工具】命令，分别在路径上输入“精美茶叶”和“回味无穷”，选择字体类型为书法字体（这里选用“蔡云汉清悠书法字体”），字号大小根据路径曲线的长度进行调整，并将文字颜色设置为纸色，路径曲线颜色设置为无。再添加一条随意的路径曲线作为装饰，调整曲度，设置描边颜色为纸色，粗细根据需要自行调整。群组后复制一组文字完成描边效果，同时执行【对齐】命令完成垂直和水平居中对齐，如图 5-81 所示。

图 5-80

图 5-81

（5）展示面最终效果如图 5-82 所示。

3. 盒盖设计与制作

（1）新建页面，执行【菜单】-【文件】-【文档】命令（快捷键 Ctrl+N），新建一个页面，大小为 174 毫米 ×70 毫米，出血线为 0 毫米，上、下、左、右边距为 0 毫米，如图 5-83 所示。

图 5-82

图 5-83

（2）执行【矩形框架工具】吸附对齐命令，画出盒盖尺寸大小的矩形框架，执行【导入】命令导入素材图片，通过“同心圆”图标调整素材的位置，双击素材调整大小。用同样的方法导入 logo，通过对齐页面中心，完成盒盖内容的编排（盒盖的内容过多，会影响展示面的展示），如图 5-84 所示。

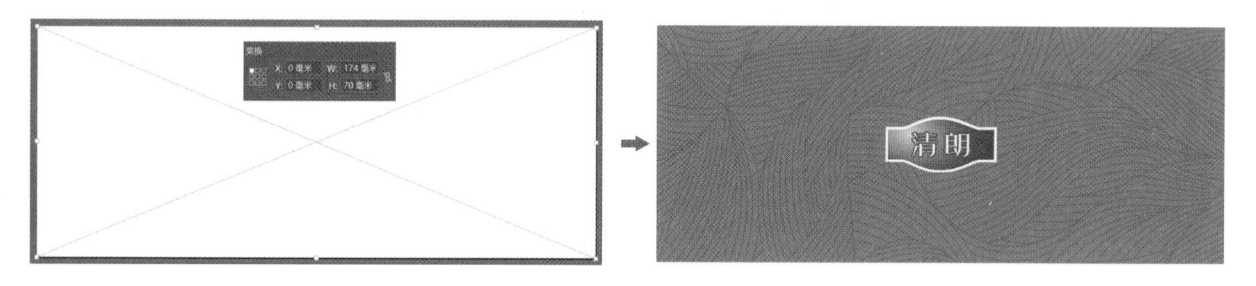

图 5-84

4. 侧面设计与制作

（1）左侧面设计与制作，新建页面，大小为 70 毫米 ×120 毫米，出血线为 0 毫米，上、下、左、右边距为 0 毫米。执行【矩形工具】命令，画出侧面的矩形框，双击工具箱中的【填色工具】进行矩形框填色（C=20 M=0 Y=20 K=0）。（包装若为浅底色，最好出一块专色菲林，这样印刷出来的底色不会出现网点纹。）描边为无，执行【导入】命令导入“采茶女矢量图”素材，执行【自由变换工具】命令，调整该素材比例大小（此工具可以同时调整框架与框架中内容版面的大小），最后执行【群组】命令，如图 5-85 所示。

（2）添加装饰边框，执行【矩形工具】命令，画出矩形框，大小根据页面需要自定义，双击工具箱中的【描边工具】进行描边，填色为无，描边颜色为（C=20 M=0 Y=40 K=40），粗细为 5 点。执行【钢笔工具】命令，通过添加锚点、删除锚点完成边框造型。执行【导入】命令导入“茶叶矢量图”和“logo”素材，通过对齐、群组命令完成装饰边框设计与制作，如图 5-86 所示。

（3）产品信息编排。先从文本中复制文字信息，执行【文字工具】命令，画出文本框，执行【粘贴】命令，将文字信息粘贴到文本框中，通过调整字体类型（这里使用字体类型为细黑字体）、文字大小、行间距完成左侧面的文字内容编排，最后添加图标和条码素材。用同样的方法完成右侧面的文字内容编排，如图 5-87 所示。

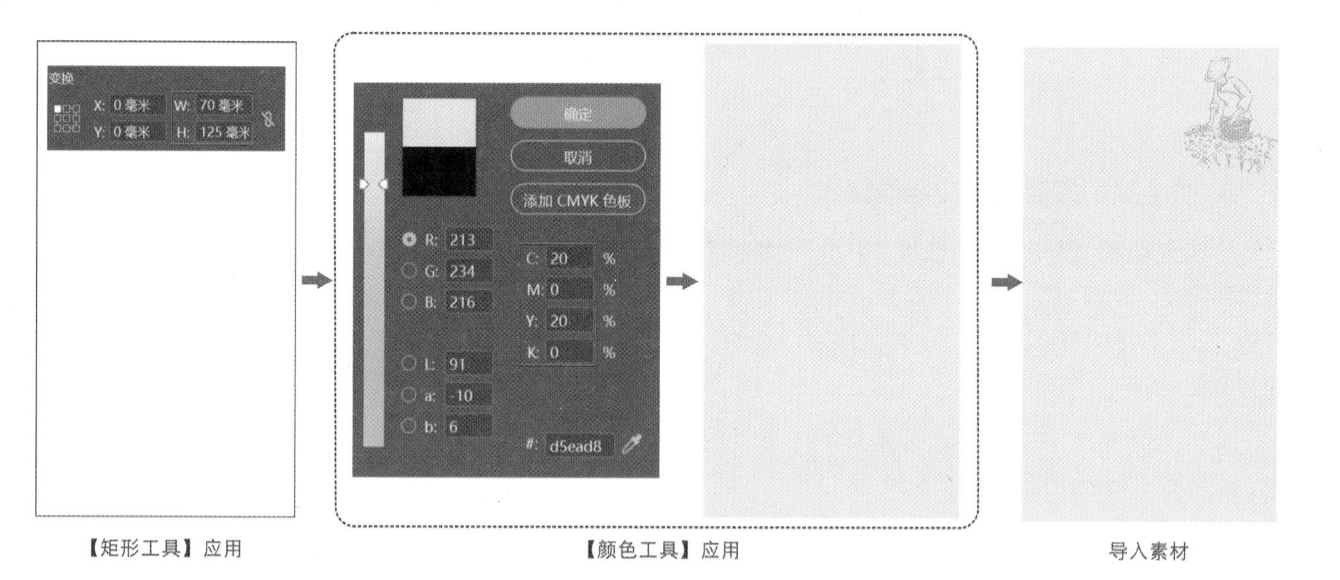

【矩形工具】应用　　【颜色工具】应用　　导入素材

图 5-85

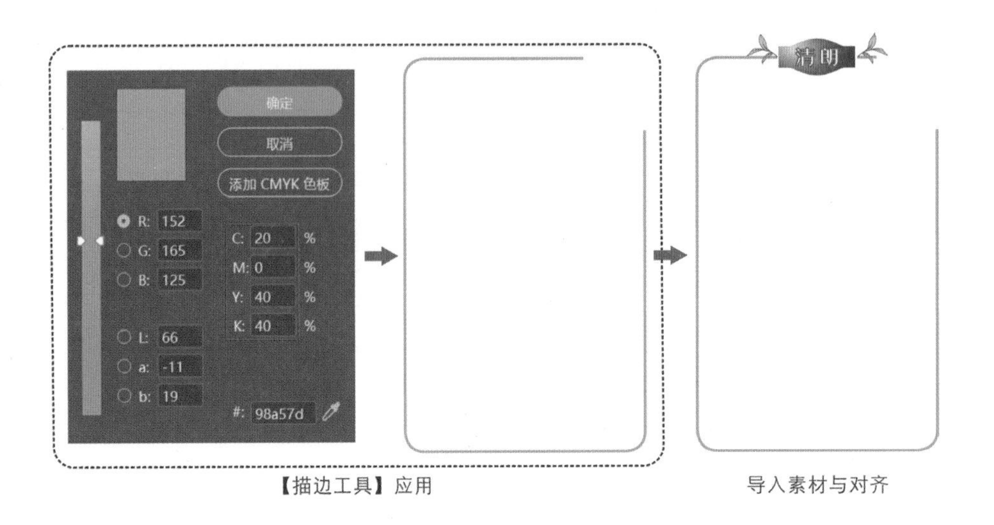

【描边工具】应用　　　　导入素材与对齐

图 5-86

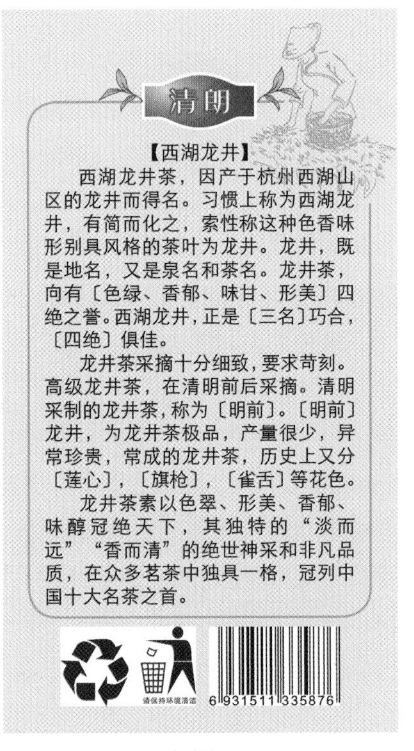

左侧面　　　　右侧面

图 5-87

5. 防尘翼、插舌、糊口结构制作

（1）防尘翼制作，新建页面为 A4 大小，执行【矩形工具】命令，按照给定的尺寸画出矩形，填色为纸色，描边为黑色，粗细为 0.5 点，边角为 1 毫米的圆角（注意应该进入边框角选项，进行左上角和右上角倒圆角的设置）。执行【钢笔工具】命令，添加描点，通过【直接选择工具】命令，选择描点进行移动完成防尘翼造型，如图 5-88 所示。

（2）插舌制作，执行【矩形工具】命令，按照给定的尺寸画出矩形，填色为纸色，描边为黑色，粗细为 0.5 点，边角为 10 毫米的圆角，如图 5-89 所示。

（3）糊口制作，执行【矩形工具】命令，按照给定的尺寸画出矩形，填色为纸色，描边为黑色，粗细为 0.5 点，边角为无。执行【直接选择工具】命令，分别选择角点进行平移（可以使用键盘上的左右箭头进行操作），如图 5-90 所示。

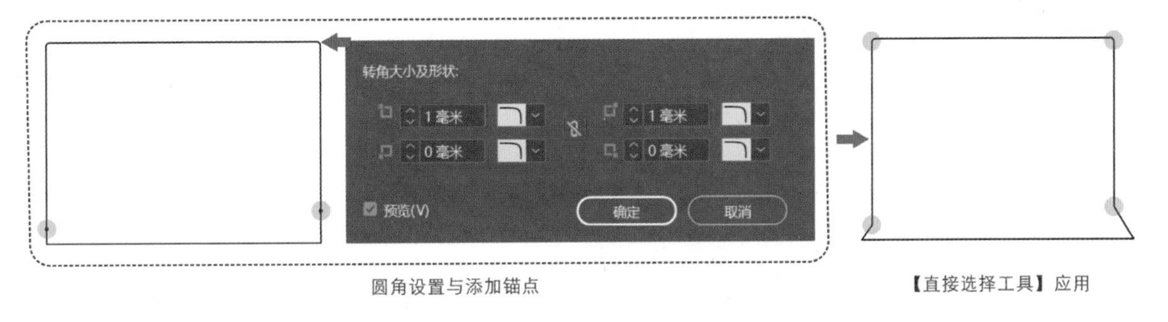

圆角设置与添加锚点

【直接选择工具】应用

图 5-88

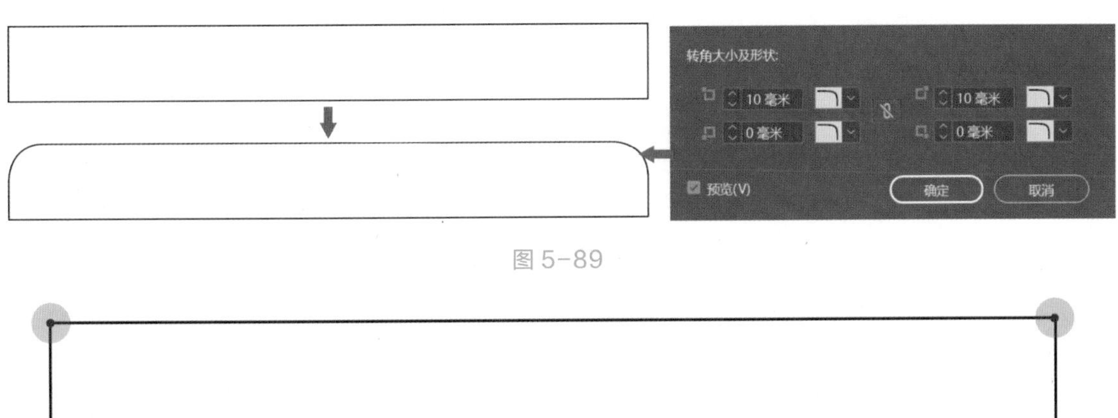

图 5-89

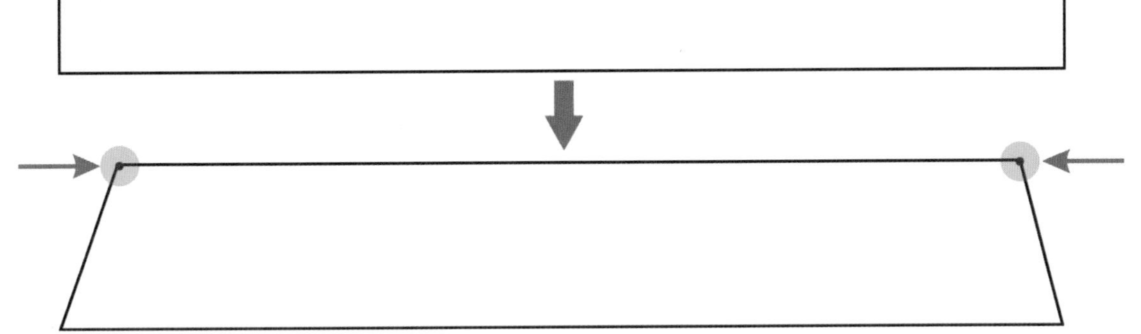

图 5-90

6. 拼合平面图

（1）新建页面，尺寸为 508 毫米 ×305 毫米（注意此页面尺寸为包装盒的平面展开尺寸），出血线为 0 毫米，上、下、左、右边距为 0 毫米的页面。将所有包装盒的平面图复制到页面中，通过吸附对齐、复制命令拼合平面展开图，拼合好的平面展开图群组后的尺寸应为此页面尺寸，也证明合版尺寸无误（若尺寸有误差，要返回检查各个平面图尺寸和拼接之间尺寸，进行微调），如图 5-91 所示。

（2）执行【状态栏】-【数码发布】命令，检查有无错误，若有错误可以点开印前检查面板查找错误并修改。若无错误，先通过【页面】面板 -【A- 页面】右键执行【直接复制跨页】命令复制出一份进行刀模制作（注意刀模作用是针对包装盒的印刷品进行裁切出盒型），刀模颜色为专色（如可以使用 PANTONE 专色），粗细为 0.25 点。然后在需要裁切图片和折痕位置编辑出 3 毫米出血。最后通过【直线工具】在版面的四个页角出血线处放置 4 对角线，用来套准对齐四色菲林，还有裁剪时准确定位的作用。角线标准长度为 3 毫米，颜色为套版色，粗细为 0.25 点，如图 5-92 所示。

（3）执行【菜单】-【保存】命令（快捷键Ctrl+S），保存为“清朗龙井茶”包装盒平面展开图包装设计.indd，最终完成整个印刷前的准备工作流程，下一步工作是将电子文件发至照排输出中心进行四色菲林和刀模版的输出并打样。

图 5-91

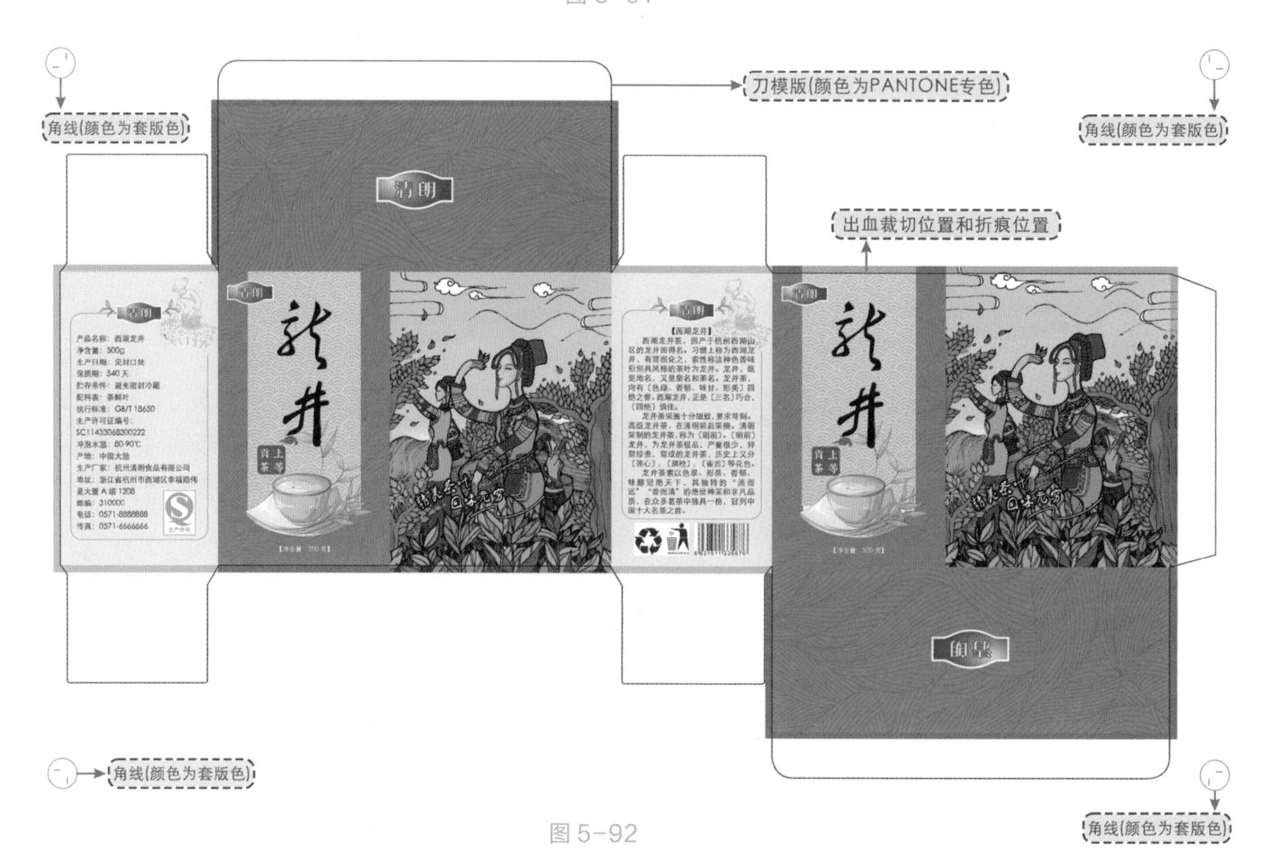

图 5-92

三、学习任务小结

通过本次任务的学习，同学们初步掌握了运用 Adobe InDesign CC 2019 软件制作包装设计作品的方法和步骤，并能做到在包装设计与制作的过程中精益求精，认真细致。课后，希望大家认真完成拓展任务，举一反三，巩固本次任务所学的知识和技能，提升包装设计与制作的综合能力。

四、课后作业

经过案例的示范和学习任务知识点的讲解，请各位同学按照案例的步骤，完成“清朗龙井茶”包装盒平面展开图”包装设计与制作的实训任务训练。要求如下：

（1）主题突出，包装展示面宣传信息传达准确；

（2）自拟广告语、广告文案；

（3）构思具有创意，色彩表达准确、美观，符合包装设计的传播特点，勇于突破常规，大胆创新、具有视觉冲击力；

（4）提交作业时包含包装设计设计源文件和链接素材图片及导出 JPEG 文件。

五、课后任务拓展

参照本次任务实施的组织形式，设计一个与本次任务知识点相关联的实例课后完成，在设计与制作上有一定难度，鼓励学生发挥创意，勇于尝试。

电子书版面设计

参考文献

[1] 王艺湘 . 广告策划与媒体创意 [M]. 北京：中国轻工业出版社，2011.

[2] 潘君，冯娟 . 广告策划与创意 [M]. 武汉：中国地质大学出版社，2018.

[3] 孙国丰，黎青 . 广告策划与创意 [M].3 版 . 长沙：湖南大学出版社，2018.

[4] 刘刚田，田园 . 广告策划与创意 [M].2 版 . 北京：北京大学出版社，2019.

[5] 刘春雷，广告创意与设计：设计师广告策划手册 [M]. 北京：化学工业出版社，2021.

[6] 黄合水，陈素白 . 广告调研技巧 [M].5 版 . 厦门：厦门大学出版社，2016.

[7] 兰达 . 跨媒介广告创意与设计 [M]. 王树良，译 . 上海：上海人民美术出版社，2019.

[8] 徐阳，刘瑛 . 平面广告设计 [M]. 上海：上海人民美术出版社，2010.

[9] 任莉 . 广告设计与创意表现 [M]. 北京：人民邮电出版社，2017.

[10] 陈天荣，余宁 . 广告设计 [M]. 北京：中国青年出版社，2013.

[11] 肖建兵 . 评定电视媒体品牌认知的指标体系 [J]. 现代广告，2000.

[12] 孙晓红 . 商业广告媒体选择和受众人口分析 [J]. 市场与人口分析，1997.